# 让你内心强大的气场心理学

牧之 ◎ 著

改变命运的气场蝴蝶效应
强大内心的超级心理战术

立信会计出版社
LIXIN ACCOUNTING PUBLISHING HOUSE

## 图书在版编目（CIP）数据

让你内心强大的气场心理学 / 牧之著. -- 上海:
立信会计出版社, 2015.1

（去梯言）

ISBN 978-7-5429-4381-1

Ⅰ.①让… Ⅱ.①牧… Ⅲ.①成功心理 - 通俗读物
Ⅳ.①B848.4-49

中国版本图书馆CIP数据核字（2014）第263578号

策划编辑　蔡伟莉
责任编辑　余　榕
封面设计　久品轩

### 让你内心强大的气场心理学

| | | | |
|---|---|---|---|
| 出版发行 | 立信会计出版社 | | |
| 地　　址 | 上海市中山西路2230号 | 邮政编码 | 200235 |
| 电　　话 | （021）64411389 | 传　真 | （021）64411325 |
| 网　　址 | www.lixinaph.com | 电子邮箱 | lxaph@sh163.net |
| 网上书店 | www.shlx.net | 电　话 | （021）64411071 |
| 经　　销 | 各地新华书店 | | |
| 印　　刷 | 固安县保利达印务有限公司 | | |
| 开　　本 | 720毫米×1000毫米 | 1/16 | |
| 印　　张 | 20 | 插　页 | 1 |
| 字　　数 | 256千字 | | |
| 版　　次 | 2015年1月第1版 | | |
| 印　　次 | 2016年12月第3次 | | |
| 书　　号 | ISBN 978-7-5429-4381-1/B | | |
| 定　　价 | 36.00元 | | |

如有印订差错，请与本社联系调换

# 前言

生活在一个充满变化和机遇的年代,每个人都想改变现状、改变命运,也一直在寻找能改变现状、改变命运的方法和途径。

一些人经过了一番努力和奋斗后,却并不能实现自己的愿望,人生没有起色,事业无所作为,于是产生挫败感,抱怨现实残酷,责备自己无能,感觉焦虑、茫然、困顿、无望以至萎靡不振。而另外一些人则跻身成功者行列,他们精力充沛,事业有成,在社会舞台上大放光彩,到哪里都是生活的主角,时不时赢来鲜花和掌声。

是命运在捉弄人,还是命运格外偏爱那些成功者?其实,成功并不仅仅在于你付出多少努力,还需要你调动自身的潜能,运用自身的力量。这种力量就是你的气场。

气场是一种看不见摸不着,却真实存在的围绕在人身体周围的巨大的磁场,它能吸收你成长中所有的得与失,包括你的性格、仪表、修养、学识、气质、品位、成长环境等,这些元素经过各式各样的变化组合,形成一种独特的能量。这种能量附着于我们并形成了独特的存在形式,就是我们所谓的气场。

气场有着神奇的力量。你的渴望越强烈,你的人生态度越积极,它就越强大,而且对你也就越忠诚,它所产生的结果也越明显。气场的强弱和亮暗,取决于你对它的认识,取决于你的状态!

气场强大的人,总是浑身洋溢着热情和活力,表现出无比的自信,讲话有底气,做事有信心,一言一行都散发出不可抗拒的磁力,他们会带动周围人的情绪，让周围人的注意力不自觉地集中到他们身上。气场强大的人，他们的内心也都非常强大，他们从不畏惧任何困难和挫折，即使遇到失败，他们也能以正确的心态去对待，并调整自我，从失败中迅速崛起，反败为胜，迈向更广阔的人生。

相反，气场弱小的人，他们的内心也很脆弱。他们缺少自信，缺少生活激情，他们的心情是灰色的，对自己没有信心，对未来充满沮丧，认为没有什么事情能够取得成功。好事常常绕着他们走，坏事却总往他们身上跑，无论他们想干什么，都会无一例外地站在失败的一方，最终沦为平庸的人。

气场对每个人都是平等的，无论你是百万富翁还是正在为生计而奔走的人，气场都会同样存在于你的身边。关键在于你怎样对待它、发掘它、运用它。面对这个千变万化的世界，想要获得期望的成功，就一定要把自己的内心修炼得足够强大。你应该壮大自己的内心，发现自己的优势，提升自己的气场。

气场心理学指出，气场是左右人生成败的关键力量，谁重视它，它就给谁以回报；谁拥有它，谁就有通向拥有成功殿堂的门票。本书为你揭开了气场的奥秘，通过深入浅出的语言和生动精彩的案例，教给你提升自己气场的方法窍门，帮助你运用气场的力量，在交际场中顺风顺雨，如同众星捧月；在情场中春风得意，总能轻易获得异性的青睐；在职场中如鱼得水，让上司欣赏，让同事佩服，让客户喜欢；在事业上一帆风顺，不管做任何事都能轻而易举地成功。

你想做一个左右逢源的成功人士，还是做一个碌碌无为的平庸者？相信你会选择前者。生活中虽然有些事情我们不能预知，但是也有很多事情可以被我们掌控，气场就是其中之一。美好的生活往往源于自己内心深切的渴望，只有开启了向往美好生活的按钮，好运气才会降临到你身上。

不要再去羡慕别人的风光惬意，不要再去仰望别人的好运光环。打开本书，揭开气场心理学的面纱，找到修炼强大内心的秘诀，善用你手中的"万能钥匙"，改变人生，改变命运，就在气场闪烁的一瞬间！

# 目 录

**第1章 气场，改变命运的内心强大能量**
气场不是虚无缥缈的东西 / 3
气场大师对气场的解释 / 5
认识我们的气场 / 7
气场就是一种自我塑造 / 10

**第2章 激活潜意识，唤醒内在潜能，引爆气场能量**
唤醒潜意识，开启气场的按钮 / 15
积极的心理暗示让气场更强大 / 17
改变潜意识，改变你的气场 / 19
杜绝自寻烦恼的消极暗示 / 21
"积极的错觉"增强信心能量 / 23
驾驭"本我"，驾驭你的气场 / 26
发掘潜意识，发掘气场的最大能量 / 28
改变目标图像，提升气场能量 / 30

**第3章 修炼个性气场，内在精神决定气场高度**
成功的个性塑造成功的气场 / 35
培养气场，以个性烘托身份 / 36
坚持原则会让我们的气场强大 / 38

专注力释放惊异的能量 /40

气场强的人有大家风范 /44

低处保持高调，高处保持低调 /46

敢于作秀，大胆秀出自己的气场 /49

## 第4章　心态决定气场，内心强大的人气场也强大

心态决定气场，气场决定命运 /55

乐观的人有超然而镇定的气场 /56

逆境是锻造气场的一所好学校 /59

顺其自然是最好的活法 /60

积极的心态吸引更多的能量 /63

气场强的人才能主宰自己 /65

## 第5章　腹有诗书气自华，做人有涵养，气场才优雅

腹有诗书气自华——气场新鲜能量 /71

一脉书香浸润气场大世界 /76

让气场变得高雅的艺术 /80

培养审美力，聆听气场跳动的脉搏 /85

做一个有情趣有格调有品位的人 /88

## 第6章　形象是气场的最美外衣，你的形象价值百万

运用第一印象的晕轮效应 /93

服饰是气场最美的外衣 /94

让外在魅力为自己加分 /97

穿衣是一种恰到好处的适中 /99

关注你要表达的信息 /104

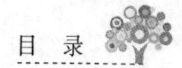

### 第7章　口才提升气场，说有分量的话，做有分量的人
　　别让说话毁了你的气场　/111
　　怎么说话大有学问　/112
　　妙语惊人，语惊四座　/114
　　让你的语言听起来动听悦耳　/116
　　改掉说话时的一些小毛病　/119
　　培养自己的说话风格　/122

### 第8章　我的气场我作主，心随身动，辐射内在自我
　　三种高气场的体姿　/125
　　用手势打出你的气势　/126
　　眼睛是气场中镶嵌的珍珠　/129
　　平常的鼻子上气象万千　/130
　　魔鬼有时就藏在细节里　/132

### 第9章　微微一笑气场生辉，让世界为你的笑容倾倒
　　世界为你的灿烂笑容倾倒　/137
　　微微一笑气场生　/138
　　让微笑潜入他人心灵　/140
　　成功者的微笑与微笑着成功　/142

### 第10章　小幽默大气场，懂幽默的人成为处处受人欢迎的人
　　懂幽默的人更受人欢迎　/147
　　善谈者必善幽默　/149
　　培养幽默气场的几种方法　/150

## 第11章　赞美为你的气场加分，做世界上最会赞美的人
赞美蕴藏着巨大的能量 /159
人人都喜欢"投其所好" /161
应该掌握的赞美技巧 /162
赞美要把握分寸恰到好处 /164

## 第12章　爱心创造奇迹，爱心正能量，生命大气场
每个人都因爱而活着 /169
没有人能抵挡爱的威力 /170
拥有爱心的人才能拥有别人的爱 /172
学会真正去爱一个人 /174
爱是付出，不要期望回报 /176
富有爱心的人能感染周围的人 /178

## 第13章　呵护身心健康，气场之树才能郁郁常青
健康的身体是气场存在的根本 /183
良好的生活习惯是身体健康的保证 /186
睡得好，能量场才恢复得快 /190
运动提高生命质量，扩充气场能量 /192
掌控了情绪，就掌控了气场的阀门 /194
每天花几分钟做松弛身心的练习 /196

## 第14章　气场聚拢人脉，打造社交人气王的黄金法则
人情是最经济的投资 /201
增强气场的七种交际法则 /203

彬彬有礼可增添你社交的人气 /207
培养具有亲和力的气场 /210
谨遵以和为贵的法则 /213
摒弃以自我为中心的观念 /214
与难处之人的相处之道 /216
与同事的关系融洽和谐 /218

## 第15章　气场强情场顺，用气场增强你的幸福运

恋人之间如何保持吸引力 /225
恋爱双方要给彼此自由的空间 /226
幸福爱情必备的心理素质 /228
做丈夫心中的好妻子 /232
做妻子心中的好丈夫 /234
爱是深深的理解和接受 /236
夫妻间要常怀包容之心 /239

## 第16章　拚职场靠气场，发挥气场能量，职场越拚越辉煌

为企业打工，为自己工作 /245
让自己变得不可或缺 /249
赢得上司的信赖 /253
与同事相处之道 /256

## 第17章　影响力就是气场力，超强的声望凝聚超强的气场

树立良好的领导形象 /263
展示领导宽阔的胸襟 /264
增强自己的感召力 /266

表现你的领袖气质 /268

修炼超强的勇气和耐力 /271

## 第18章 左手气场右手销售，做世界上最伟大的推销员

销售员要知己知彼 /277

熟悉自己的产品 /280

确定你要推销的对象 /283

销售员要有强者心态 /287

销售员要掌握的礼仪 /289

## 第19章 气场强了生意旺了，财富赚多少气场说了算

经商必须先做人 /297

生意人人格魅力的修炼法则 /298

生意人事业成功的五种品质 /300

做最有人缘的生意人 /303

赢得顾客的心能赚大钱 /305

做圈子里的活跃人物 /307

# 第1章
## 气场,改变命运的内心强大能量

"气场可真大呀!"据说这可是眼下最酷、最时髦的称赞人的话语,你要是不知道就太落伍了!每个人都有自己独特的气场,是亲和得体、幽默风趣,还是充满激情……气场强调的是对周围人和事的影响力、感染力。如果人没有气场,那么再好的五官、再时尚的穿着也像没有生命的物件一样,不会赢得长久的关注。气场是可以培养的,世界上没有一出生就拥有强大气场的人,后天的一些心理建设,如培养自信等,对气场的改造是惊人的。

## 气场不是虚无缥缈的东西

我们一听到"气场"这个词,极可能有一种莫名其妙、玄而又玄的感觉,因为我们摸不到它、看不见它,而且很多人都利用它把我们引向形而上学的研究。

其实,气场是现代心理学和交际学的一个研究对象。它不仅不玄,而且可以从科学角度加以理解,如果方法得当,还可以加以提高和培养。

有一个例子很能说明问题。

东汉末年,群雄逐鹿,曹操灭掉袁绍平定北方后,声威大振。此后,献帝下诏,曹操由魏公晋爵魏王。此时的曹操可谓是春风得意。而这时,匈奴派使者觐见汉天子,使者听说曹操晋封为魏王,就提出要向魏王拜贺。曹操允许之后觉得自己长得不够气派,却又想在外族人面前显显威风。想来想去,就叫尚书崔琰做自己的替身接见匈奴使者。崔琰乃汉末名士,在朝野很有声望,而且崔琰的侄女还是曹操的四子曹植的妻子,曹崔两家是亲家关系。崔琰不但身材魁梧伟岸,而且一把胡须长达四尺,有美髯公之称。陈寿的《三国志》对崔琰的容貌描述是:"声姿高畅,眉目疏朗,须长四尺,甚有威重。"由此可见其容貌绝非一般。《世说新语·容止》一书曾讲述此事:崔琰正中端坐,接受了匈奴使者的拜贺,曹操却扮作侍卫模样,手握钢刀,挺立在坐榻旁边。接见完毕后,曹操派人去问匈奴使者印象如何。使者不假思索地说:"魏王俊美,风采高雅,而榻侧捉刀的那个人气度威严,非常人可及,是为真英雄也!"由此可见,这位匈奴使者也绝非等闲之辈,他能够通过崔琰表面的"雅",看到他深层次里的缺陷:威武不足,意即没有曹操那种从骨子里透出来的英雄气概。这话传到曹操耳朵里后,让他很是得意。

据《魏氏春秋》记载:"武王姿貌短小,而神明英发。"也就是说曹操虽然个子比较矮，但却是很有气场的，不过曹操还是对自己的体貌有些自卑。当时的曹操只看重了外在的仪表容貌，却忽视了人的内在气质，和自己开了一个不大不小的玩笑。

如果你问什么是气场，心理学家会告诉你，气场就是感觉；交际学家会告诉你，气场就是影响力。这两句话都对，分开说却都不完整。

两个人相互接触，一方总会给另一方某种感觉，即前者身上肯定有什么东西，能够传达给对方某种信息。这是从心理学角度来理解气场：我们把人们身上的这种东西，这种给别人感觉的东西，称为气场。心理学上的气场就是人们给他人感觉的来源。

而从人际关系学来看，气场就是用来影响他人的能力或多个人能否和平共处的能力。

从气场的本质来讲，它来源于心理与身体的整体状态，气场是人们给他人感觉和影响力的身心状态。

气场因感受者的存在而存在，一个人独处的时候，这个概念就不成立了，这种东西就不存在了。为了形象地表达，人们通常以每个人为圆心、以一米为半径画一个圆，来代表个人的气场。但是，请牢记这个事实：这个圆本身是不存在的，它只存在于人的想象和文字之中。这样可以避免我们进入形而上学的误区。

成功人士的气场都很强大，对于他们的气场的认识可以归结为以下几点：

（1）气场是一种让你成为自己，而不是别人的气质。外貌和道具固然有作用，但气场最终还是源于内心。有气场的人，别人尊重他、靠近他、被他吸引，不敢随意忽视他、轻视他，不一定非要强大得像圣斗士的小宇宙，非要拒人于千里之外，非要一个眼神就能杀死谁，非要别人两腿发软战战兢兢。

（2）气场就是一种先天能量，强大的气场能够感染人，还会带动周围人

的情绪，这种能量还是发光体，让周围人的注意力不自觉地集中到拥有它的人的身上。

（3）气场与激情无关，你站在台上，释放内心激情，把激情灌注在表演里面，自然形成气场，而修炼到家的含蓄平淡同样有气场。如果你看到一个人，他旁若无人，而你的目光却不自觉地被他所吸引，那就说明他的气场很强大。

（4）气场，是一种强大的内在吸引力，它就像是一种气势。一般有气场的人，他们的眼神是自然的，是不拘束的，更不会被周围的环境所左右。他们不需要刻意在人群中显示自己的不同，甚至对大家的目光毫不在意，但是，越是这样，就越会吸引别人的目光。

## 气场大师对气场的解释

泰德·安德鲁斯是全球最受推崇的气场大师，他对气场有独到的见解。以下是这位气场大师气场理论中的一部分。

我们每个人都有一个环绕在身体周围的气场。

每个人也肯定都见识过，或者感觉得到气场的存在。只不过，大多数人忽视了，或者是错误地解读了这种体验。

让我来告诉你，世界上的神秘主义者或许对世界有不同的见解，但有一个问题他们肯定能够达成共识，即他们都能看到人类头部四周闪耀的光圈，这其实就是气场的一部分。

不过，并不是唯有神秘主义者才能看到气场。实际上，只要经过学习和坚持不懈地练习，每个人都可以感觉到它的存在，甚至有能力用肉眼来欣赏它。相信我，这并不是什么不可思议的事情，你需要做的准备，就是不要再去故意忽视它的存在，要大胆地去认识它。

要想具有这种能力，你需要花上一点点时间，提高你的理解力，勤加练习，并持之以恒。

对下面一些问题，如果你的答案大多是"是"，那就说明你曾经明显地感受到气场的存在。如果你的答案有很多"否"，说明你的感应能力正处于沉睡中，你应该将它唤醒了。

（1）你可曾感受到气场的存在？

（2）当你和某些人在一起时，是否觉得很累？

（3）你是否会将某人与某种特定的颜色联系起来？（比如，你总觉得某人是黄色的。）

（4）如果有人目不转睛地盯着你，你能否觉察到？

（5）你是否会在看第一眼的时候就喜欢或讨厌一个人？

（6）你是否有过这种经历：不管某个人外在如何表现出不在乎的神态，你都能体会到他内心的真实感受？

（7）当你身处一个场合，尽管不能确切地知道某个人是否也在场，但你的感觉告诉你他也在这里？

（8）有没有什么声音、色彩或气味让你感到舒服或不舒服？

（9）闪电或雷声是否会让你觉得紧张不安？

（10）有些人是不是比起其他人来，更能让你感到兴奋或充满力量？

（11）当你走进某间屋子时，会不会觉得紧张、不安或愤怒？有没有哪些屋子让你想要待下去，而另一些只会让你想尽早离开？

（12）你是否有过这样的经历：你故意忽略或抛开自己对某个人的第一印象，但最后却发现那印象极其准确？

（13）你是否感觉到你兄弟姐妹的房间与你的房间有所不同？你的父母和你的孩子的房间对你来说，感觉起来又有不同之处？

我相信，以上这些感受，你都曾经体验过，或者大部分体验过，但却难以用常识来解释。当我们实在说不通的时候，就会统统用"感觉"这个借口

来把这些疑惑打发掉。但事实上,这个世界上一切不可思议的现象都自有一种合理的解释。关键在于,你能否跳出自己的思维模式,接受一些新的看待世界的模式。

比起大人来,孩子更容易观察和体验到气场这种东西,而且,他们经常把这种体验用涂鸦表现出来。看看孩子的画作,他们会给不同的人物涂上不同的、大人感觉怪异的色彩。这是因为在他们看来,不同人身上的能量具有微妙的区别,其气场也带有不同的颜色。

然而,不知情的大人看到孩子的图画时,却只觉得可笑:"为什么妈妈周围的天空是紫色的?""为什么猫咪是绿色和粉红色相间的?""为什么你要把哥哥涂成蓝色?"世界上确实没有绿色和粉红色相间的猫咪,哥哥当然也不是蓝色的,这些,只是孩子看到了不同气场的颜色,然后用蜡笔表达出来而已。不幸的是,大人的批评和纠正却无情地扼杀了孩子这种与众不同的感觉方式,就像我们的父母冷酷地扼杀了我们身上这种与生俱来的感应能力一样。

## 认识我们的气场

基于气场大师泰德·安德鲁斯的理论,我们可以从一些最基本的常识来认识它。

**1.每一种气场都有自己的频率,每一种气场都是独一无二的**

世界上没有完全相同的两个气场。也许气场存在某些共同之处,比如都含有声、光、电磁等元素,但力度和强度绝不会完全相同。每个人都拥有属于自己的气场频率。

当你的气场与某个人的气场频率相近时,你们会自然而然地相互吸引,你和他更容易"合得来"。这没什么好奇怪的,这种自然的亲切感,代表着你们拥有相似的气场，你们在身体、情绪、心智或者精神层面上有着相近的频率。不过，有些人的气场频率会与你的完全不同，以至于你第一眼看见就会讨厌这个人，在他身边你会极其不舒服，甚至情绪激动。

很多时候，别人留给你的，或是你留给别人的第一印象，恰恰能精准地反映出你与他的气场频率是否协调。那些让你反感的人，他们本身并没有什么问题，只不过在某个时刻，你们的气场没办法产生共鸣而已。或许，当你们在一起相处久了，那些不和谐的音符就会慢慢变得和谐，这就是我们经常看到的"对立面吸引"的例子。

通过练习，我们能够学会控制和改变气场的频率，这样与别人的交流和配合就能更加轻松、顺畅。这是一种古老的技巧，叫做变形，是指你通过调整自己身上释放出来的能量，使之与周围环境和人物相得益彰。通常，变形是自然发生的，就像一种温和的自我保护法。不过，我们的目的，是要你学着有意识地去控制这种行为，根据实际需要进行或剧烈或轻微的改变，让自己完美地融入到环境中。

### 2.每一种气场都会与其他气场进行交换

每个人都可能有过这样的体验，有一天觉得自己简直快疯了。究其原因，并不是你真的疯了，而是那一天你在与人接触的过程中受到他人气场的影响。想想看，你身边肯定有那么几个人不太容易交流，不管是在电话里还是面对面地与他们交谈，都会让你觉得费力。有时候谈到一半，这个人会莫名其妙地挂断你的电话，或是转身离开，你马上会有种被人一拳击中的感觉。这样的气场互动显然不太健康。你体验到的不愉快是由你的气场在交流中得不到回应所引起的。

### 3.相互接触的气场会为彼此留下印记

其他的气场能够对你产生影响，同样的，你的气场也会在你接触的对象身上留下印记，不管那是一个人、一个物体还者是一种环境。你们接触得越密切，时间越久，这种印记就会越明显。

举个例子来说，如果你经常坐同一张椅子，你的特征就会留在它周围，它就变成了你的椅子。如果你从小到大一直有自己的房间，那你对这间房个的感觉一定与你的父母或是兄弟姐妹的感觉很不一样。

你的气场会以一种独特的能量形式发散并占满你所处的空间，就像非洲草原上的狮子，会在一块土地上撒上一泡尿，证明自己是这片土地的主人一样。有许多人换了床就没办法安睡，因为陌生的床上没有那种令他们熟悉的感觉。

我们可以看看孩子的例子。在孩子哭闹的时候，要让他们很快安静下来，可不是件容易的事。不过，你可以试试，把他经常拿在手里玩耍的玩具，和他经常盖在身上的毯子拿给他，孩子会很快平静下来。这是因为，在孩子常玩的玩具或常用的毯子上，会留下孩子特别的印记。当孩子手里拿着这些东西的时候，他会感到舒适。有时候，当妈妈把孩子常用的东西扔进洗衣机时，他们会非常难过，因为这些东西经过洗涤之后，上面让他们熟悉的气味会消失掉。

如果你面对的气场非常强大，你自己的气场就会被它带动起来，与之进行协调共鸣。趋同心理之所以会产生一种强大的影响力，就是这个原因。整个团队的力量当然比个人的力量强大许多，个人与团队接触得越多，个人的气场就会与团队越协调，也越容易表现出该团队的特点。

两个人接触得越长久密切，他们的气场交互得就越微妙而深入。在父母（尤其是母亲）与孩子的终生相处中，他们的气场中相当一部分会与孩子共享，两者的气场会持续地发生交换和融合。在亲密的人际关系中，气场的交互就是动态地深化和分享。

## 气场就是一种自我塑造

我们每个人至少有两个形象：一个是自然形象，这是内在的我们真实的内心影像；另一个是自我塑造的形象，通过训练和包装展示给别人，体现着我们的价值追求。大多数人看不到前者，但却可以轻而易举地感知后者。

如果你是一个容易冲动的人，而你希望把自己塑造成一个平和稳重的人，并在一个严肃的机构和领域得到认可，你就得尽量克制内心的冲动浮躁，通过学习和模仿，来扮演一个平和稳重的角色。久而久之，这个角色的外在表现就有了稳定特征，内在的自我塑造也成为习惯。这时，它就变成了是"我们性格的一部分"，和自然形象一起形成了我们的气场。一个看起来复杂的人，或许也是一个单纯的人。

你的形象具备多样性，气场充满变化，与你内心的复杂欲望一样！

这种内在的力量非常强大，一个人完全可以凭借专门的训练将自己包装成与自己原本相反的形象，从而取得想要的效果。比如，找到一份工作，交到一个朋友，或者在感情和家庭的领域内取得成功，主宰自己的命运，成为大多数人眼中的成功者。

一千个人就有一千种气场。对我们来说，最理想的气场类型是亲和力和压迫力的结合。拥有这种气场，我们便能让别人愉悦地接受和服从我们。这就是我们培养气场的最终目的。

每个人气场的强度和性质完全不同。吸引人且强大的气场是最佳状态，拥有它的人通常属于社会中的核心人物，但凡进入他们的影响范围的人，无不被吸引，因为他们总能给我们很多积极的感觉——幸福、靠谱等。我们愿意和他们交往，交往时也很容易被他们感染，自己也变得幸福、靠谱。强大却有排斥力的气场是最糟糕的，拥有它的人通常属于社会的弃儿，他们给我们诸如阴暗、不靠谱、不友善的感觉，我们通常都选择避开他们。居于中间状态的就是有吸引力的弱气场和有排斥力的弱气场了，普通人都拥有弱气场。

有些人天生受到父母的熏陶，拥有比较强大的气场。有些人气场不够大，还需要学习和锻炼。需要警惕的是，不经过锻炼就有较强大的气场的人，很容易滥用自己的能力，这非常危险。他们的气场一般来源于骄傲，而骄傲是导致人失败的最大原因之一，也是气场无法真正强大起来的致命因素。经过学习培养出来的能力，一定比天生的更强，而且，通过学习你才可以懂得如何自由操控气场，保持谦逊，走向人生的顶峰。

# 第 2 章
## 激活潜意识，唤醒内在潜能，引爆气场能量

心理暗示是我们从出生就开始拥有的心灵武器，是一种强大的心理工具，可以使我们获得巨大的能量，可以使我们在最糟糕的环境中获得最佳的结果。

积极的心理暗示是激发气场潜能的"兴奋剂"。通过心理暗示，我们将学会更有效地与心灵沟通，并通过心理暗示与外界沟通，从而更好地控制我们体内的自愈机制，治愈和克服自卑、焦虑、忧郁、悲伤、恐惧等负面心理，激发身心的潜能，焕发心灵的力量，增强气场的能量。

## 唤醒潜意识，开启气场的按钮

一个人的心理活动包括意识和潜意识两部分。意识是一种清醒的认识，例如，有目标、有计划的学习活动及自我评估、自我调控的学习都体现了意识的特点。潜意识是一种不知不觉的认识，例如，自然而然地记住了某些生动的情节。又如，对某些技能熟练了，虽然没有格外注意，仍能依程序操作，还有做梦等心理活动都是潜意识活动。

通常，我们比较重视发挥意识的作用，对潜意识这片汪洋大海却一无所知，或者不太重视，其实潜意识就如同冰山的水下部分，体积大，作用更大。据说，潜意识的力量比意识大3万倍，所以要激发潜能，需要运用潜意识，这样才能开启气场的源头，引爆气场的能量。

我们所说的自我暗示，就是将我们的想法或所想达成的任何愿望，经由在心中不断描绘和想象达成或完成时的景象，大声地朗读我们的目标或愿望，同时加以切身地去感受和体会已达成时的景象及内心感受，而将目标或愿望灌输至潜意识中。

当潜意识接收了你所自我暗示的信息，便会开始运作吸收外界的相关能量，找出你所需的答案，建立你的信心，并将你所需的机会和资源提供出来，而协助你实现目标或愿望。

自我暗示本身并不能助你达成目标，它起到的是一个刺激的作用。自我暗示会刺激潜意识，潜意识帮你达到目标或实现愿望。自我暗示只是一个工具。但是，这个工具的作用和能量，还远远没有被人们认识到，更不用提将它开发出来了。

需要注意的一点是，潜意识是无法分辨是非善恶的，无论意识给了它什么样的资讯或想法，它都只会照样全收，而且对任何的指令都会一一地得以实现。所以，潜意识是什么样子，皆取决于自我暗示。

潜意识通过自我暗示所发挥出来的无穷力量，是惊人且不可思议的，这世上许多所谓的奇迹或灵感，都是通过自我暗示的方式而产生的。在某些宗教中，常有借由虔诚的祈祷或许愿而产生的许多奇迹，事实上这就是一种自我暗示的过程。而在医学上，许多患了不可医治的绝症患者，也借由自我暗示的过程而奇迹似的痊愈。在医学领域中，目前也已有人使用类似方式的心灵治疗过程来医治那些患了特殊疾病的患者。

如何自觉地运用自我暗示这种能力呢？首先，必须避免唤起那些有害的自我暗示，这些暗示可能产生灾难性的后果；其次，要自觉地激起那些有益的自我暗示，这样就会给那些生病的人带来身体上的康复，给那些神经症患者、犯错误的人及那些自我暗示之前的无意识受害者带来心灵上的康复，以及给那些有错误倾向的人指引一条正确的道路。

荣格将一个人的人格构成分为"本我"、"自我"和"超我"。"本我"往往受潜意识支配，而那些随心所欲、无所顾忌的人，往往"本我"过于强大，"自我"在现实面前的控制力不够。建立完美的人格，"自我"要通过心理暗示协调其平衡，促使"本我"朝着有利的方向发展。

为自己的成功构造"心象"，就是一种积极的自我暗示。

（1）你要选一个目标：可以是让自己更苗条、更健康，也可以是使自己更自信、更善于雄辩。

（2）每天只用花一两分钟时间构造"心象"，即让一个模糊不清的想法变成一个轮廓分明、细节清楚、有血有肉、色彩斑斓的概貌。

（3）把你的"心象"在纸上画出草图，并从杂志、网络上搜集相关图片。

（4）每天专心花上10分钟时间联想你构造的"心象"，闭上眼睛，不关心外界，只有当这一画面继续向前发展时，才睁开眼睛。

（5）连续21天尝试这种小实验，看看会发生什么。

通过向自动成功机制提供一个清晰具体、生动构想、能完美交流的目标,你的内心能量将会被得到持续不断的激活,你将会得到更多的能量,个人发展速度也会更快,实现目标的速度也会更快。随着目标的浮现逐渐清晰,自动成功机制在发挥自身作用时会更加高效。

## 积极的心理暗示让气场更强大

一位心理学家曾做过这样一个实验。

他将一只饥饿的狗放在类似迷宫的木板围成的甬道中。狗为了觅食不断向上蹿跳,企图越过木板出去。但每当狗向上蹿跳时,就会得到一次电击的惩罚。开始时受饥饿的驱使,狗仍然向上蹿跳,但次数越来越少。经过反复几次惩罚,狗就完全放弃出去的希望了,再也不往上蹿跳了。

心理学家把这种现象称为"习得性无力感"。一个人自信心的丧失与这个实验过程有相似之处。没有哪一个人生来就缺乏自信心。以学习为例,天生对学习不感兴趣、对学习从开始就没有信心的学生是不存在的。学习上的"无力感"、"无奈感"是由于多次学习失败的挫折积累造成的。考试成绩一连几次不理想,自信心便一次次被磨蚀,直至内心再也燃不起努力进取的热情,"学习无力感"便形成了。"学习无力感"形成的原因多是在遭受挫折后,不注意总结经验教训,丧失信心,失去了一次次本可以走出逆境的机会,最后对自己只好彻底放弃。

如果你先想到的是"我做不好"这个消极的结果,你的气场就暗淡了,那么大脑活动的积极性、主动性就会被抑制,连尝试一下的勇气都没有了,自然更谈不上探索和提高了。

一个人的成就绝不会超出其自信所能达到的高度。

据说,如果拿破仑亲率军队作战,那么同样一支军队的战斗力便会增强一倍。原来,军队的战斗力在很大程度上是基于士兵们对于统帅的敬仰和信心的。如果拿破仑在率领军队越过阿尔卑斯山时，只是坐着说"这件事太困难了"，那么毫无疑问，拿破仑的军队永远不会越过那座高山。拿破仑的自信和坚强，使他统帅的每个士兵都增强了战斗力。所以，无论做什么事，坚定不移的自信力，都是达到成功所必需的和最重要的因素。

有一次，一个士兵快马加鞭给拿破仑送信。马由于跑得太快，在到达目的地之前猛跌了一跤，那匹马就此一命呜呼了。拿破仑接到信后，立刻写了回信交给那个士兵，吩咐士兵骑自己的马，从速把回信送去。

那个士兵看到那匹强壮的骏马，身上装饰无比华丽，便对拿破仑说："华美强壮的骏马不配给我这样下等的士兵享用。"拿破仑回答道："世上没有一样东西，是法兰西士兵所不配享有的。"

是的，谦卑的心态会使我们都会像这个法国士兵一样，认为自己的地位太低微，别人所拥有的种种幸福，是不属于自己的，以为自己是不配享有的。这种自卑自贱的观念，往往就会成为不求上进、自甘堕落的主要原因。

罗素说："伟大的事业根源于坚持不断工作，以全副精神去从事，不避艰苦。"当你不甘心做命运的奴仆而又未能抓住命运的咽喉时，你必须暗示自己："学会忍耐，学会等待，等待下一次的重起，等待下一次的勃发，等待下一次的改变。"忍耐无疑是痛苦的，它压抑了人性本能的欢乐，特别是在你准备痛快淋漓地去做一件事情但却苦于束缚时，特别是在你遭到别人的误解时，特别是在你受到外界的压力时，这时你感到你无力再前行，你的理性可能会不停地提醒自己不能继续下去，这就如同赤裸着身躯在铺满荆棘的道路上滚爬，鲜血布满了身躯也不能抓住那朵令你兴奋和欣慰的花。

人有了一个"我一定要成功"的意识，潜意识中便积蓄了实现成功的能量，并能将成功化为可能。因此，只要调动了潜意识，引发了潜意识活动，就可以将意识能量转化为物质能量。

## 改变潜意识,改变你的气场

潜意识受到意识思维的控制。只有通过有意识思考,潜意识才能形成自己的消极或积极反应。正是通过有意识的理性思维,这种自动反应模式才能得到改变。

改变我们的意识,改变理性思维,就可以改变心理暗示,改变我们的气场,取得成功。

每个人的潜意识都像机器一样运转,它总想努力对你当前的信念及与环境有关的解释作出恰当反应,总想为你提供恰当的感觉去实现你在有意识时决定追求的目标。你要通过想法、信念、解释、意见等形式对它施加影响,而它也只对这些影响产生反应。

在心理暗示中,潜意识能够作为一种失败机制,也能作为一种成功机制,成为两者的难易程度一样。至于是成为成功机制还是成为失败机制,那取决于你提供什么样的意识让其加工、为它设定什么样的目标。成功的力量之源,就是经过理性和意识的思考,经常性地施与积极的影响。

美国伯利恒钢铁公司的创始人齐瓦勃出生在农村,只接受过很短暂的在校教育。15岁那年,因为家里很穷,他只好去做了一名马夫。但是,齐瓦勃并没有因此而放弃自己的理想,他时刻寻找自己发展的机会。

3年后,齐瓦勃到钢铁大王卡耐基管理的一个建筑工地做工。齐瓦勃刚踏进工地时,就对自己的工作作了计划。这个计划显示出他与众不同的自我管理能力。

当别人在工作中抱怨工作累、工资低,并因此对工作心怀不满,或者在工作时间趁老板不在开始聊天、赌博时,齐瓦勃却十分认真地自学建筑知识。每当此时,都会有很多同事讽刺他,但齐瓦勃并不在意,只是说:"我不是为了赚钱而工作,我是在为理想和前途而打工。"

一天晚上，同事们坐在一起聊天，只有齐瓦勃一个人躲在角落里看书。此时，公司的经理来工地检查，发现作为一名工人的齐瓦勃竟然在看书，十分好奇，便走近想看看他在看什么书，结果又发现旁边齐瓦勃的笔记。经理拿过笔记本，漫不经心地翻看了几页之后，什么都没说就走了。

第二天，经理把齐瓦勃叫到了办公室问："你为什么学那些东西？"

齐瓦勃回答："据我观察，公司里的打工者并不少，主要缺少的是有经验和专业知识的技术人员与管理者，对吗？"经理对他说的话感到很震惊，但还是点点头。

"我不想做没有价值的人，我希望成为公司所倚重的人才，而不是可以随时更换的苦力。我只有认真工作，才能使自己的水平不断提高，我只有使自己的工作产生的价值超过所得到的薪水，我才能在工作中得到公司的重视，才能有自己发展的机会。"

这次谈话，使经理永远记住了他——一个拥有十分强大自我管理能力的"苦力"。不久，他将这位有着伟大追求的"苦力"升职为经理。那个时候齐瓦勃只有25岁！一个似乎还不能承担责任的年龄！

后来，齐瓦勃经过努力，终于建立了自己的大型伯利恒钢铁公司，为美国创造出惊人的效益，真正地实现了自己的理想，成就了人生的辉煌。

齐瓦勃所拥有的是许多在社会上打拼、工作的人所缺乏的一种难能可贵的品质。每个人都希望能够成功，但是许多人耽于空想，或者空有信念而无具体的想法。齐瓦勃希望能成为"公司所倚重的人才"，这是在有意识的引导下所给予的心理暗示，是在经过思考后获得的前进动力。

之前说过，潜意识无法专注于考虑两种截然相反的想法，所以，让你的潜意识发挥作用的有效方法，就是全神贯注地去考虑一件事。例如，当你在思考你下周的演讲比赛时，就应该专心于你对自己口才和心理素质的自我肯定。举例来说，你可以在每天晚上上床睡觉时（顺便说一句，自我肯定的最佳时间是在你很疲惫的时候），在潜意识里给自己一个健康的暗示，在那个夜晚，这种暗示可以深深刻在你的潜意识当中；在每天起床时，给自己一个富足和成功的暗示，这种潜意识不仅可以占据你的思想，还可以拓展到更广阔的空间中去。

在你受到负面情绪影响时，你可以多思考一些关于快乐与爱的事情。在我们的潜意识中，这些被灌输的心理暗示，能够将我们的生活带到我们想得到的快乐与爱中。这个时候，身体里的每一个细胞都已经接受那些对健康的暗示，暗示已经与你融为一体了，你的气场稳定而又活跃。

**1.进行有意识的理性思维**

继续用制导导弹来比喻自我控制，我们运用蓄意、有意识的理性思维去选择目标，然后再运用想象力，以一种能被心理暗示接受和实施的方式，把目标传递给心理暗示。

**2.运用天赋的推理力量**

渴望自我完善、感觉良好的方式并不复杂。多数人不需要深入分析过去经历的人生大事，便可以通过运用心理暗示技巧及其他相关的自我完善方式，运用天赋的推理力量，改变消极信念和行为，来解决大部分困扰自己的问题。

## 杜绝自寻烦恼的消极暗示

你是否注意到，当你由于沮丧、恐惧、生气或压抑而饱受紧张之苦时，你感到自己是多么容易受到伤害或遭到冒犯？

那么，如何才能让自己的心灵不再受到伤害呢？

数不清的心灵伤疤，一个叠着一个，使心理暗示成为一个饱受威胁、无比脆弱的东西。遇到某种环境时，只要它认为该环境可能会用和过去造成伤害的事件同样的方式伤害它，那么这些伤疤组合就会产生"生存模式行为"（即逃避或斗争、退缩或积极交战等）。

**1. 有意识地回避消极暗示**

你可能有过这种体会：由于在谈话中无法准确表达自己的思想，所以你在参加宴会时无法更好地交际并感到窘迫，这可能是因为你挣的钱比别的客人少并由此觉得低人一等，于是就害怕别人问起你的职业或投资情况。这其实并非遇到了自然危险，也就是说，你的身体没有受到威胁，然而，这种环境也可能激发与你在黑暗小巷里遇到劫匪时相同的焦虑和压抑情绪。

一旦真的遇上了劫匪，你可以温顺地拿出钱包，递给劫匪，然后拼命地朝相反方向逃之夭夭，这样也许比较恰当。而在社交场合中，放弃所有能够度过愉快夜晚的机会而逃到僻静的地方，或者简单地应对一下便起身离开，这都是绝对不合适的，甚至会导致某种你恰恰不想要的结果——主人及其他嘉宾会由于你的表现而彻底瞧不起你。如果这种社交场合与那些在心理暗示上留下伤疤的某些场合非常相似，那么这种场合很可能也会导致上述的生存反应。

**2. 过度反应是一种消极暗示**

小钟，15岁，正值青春期逆反心理躁动的时候。小钟的父母均为邮局工人，高中文化程度。小钟和同学们在一起时活泼开朗，但是和父母在一起时常常不爱说话，并且情绪化。

有一次，小钟和妈妈一起出去，在路上碰到妈妈的一个同事。这个同事正要送他的孩子去补习班，两人就说起了孩子的学习问题。同事说："我们家的孩子真是笨。每次考试都在最后，不知道他上课时到底能不能听懂。唉，听不懂也装懂。"小钟妈妈也随口敷衍："是啊，我们家的孩子也这样，成绩一直也上不去。"

小钟听完这话，立马带着怒气甩手走了，任凭妈妈在后面叫也不理不睬。

过度的自尊心会让我们作出过度的反应。今天，我们有时会感受到自疑、不安全感、焦虑情绪带来的压力。我们错误地理解别人的话，就容易感到被冒犯或受伤害，于是，一道心灵伤疤就此形成。

这种日常生活中简单的体验很好地证明了一个道理：我们在感情上受到的伤害，与其说是别人，或者说是别人说了什么、没说什么所造成的，倒不如说其根源在于我们自己的态度和反应。

**3.不要什么事都对号入座**

总有一些人，喜欢在说话时讥讽别人："有些人真是没用，什么活都干不好……""你瞧瞧，他可真够可笑的"。如果你习惯性地把每一点儿小事、每一句偶然听到的谈话甚至在媒体上读到或听到的内容个人化，那么就说明你流露了一种非常敏感、非常爱面子的心理暗示。而这种心理暗示的"免疫力"是最低的。

对这类事情一笑置之吧！狂热追求有价值、有意义目标的人，日程表上安排了一大堆要事去做的人，根本没有时间去为这些无关紧要的小事和冒犯言行伤神。多数无意中道出、不带感情色彩的话，仅仅是戏言而已，并无潜在的含义，寻找它们的潜台词（当然，是当你被它们惹恼了时）完全是浪费时间。

按下列过程检测受伤的心理暗示：

（1）仔细想想你自己所有习惯性或重复性的行为及人生经历。

（2）你有没有连续地对你与最亲密的人之间的关系感到失望？

（3）你有没有发现一群又一群的同事让你讨厌？

（4）你的所有客户是否都是"吝啬鬼"或"难缠的家伙"？

诸如此类，不论你逃避还是攻击，这里面都涉及心理暗示受伤的问题。

## "积极的错觉"增强信心能量

世界著名的游泳健将弗洛伦丝·查德威克，一次从卡得林那岛游向加利福尼亚海湾，在海水中泡了16个小时，在只剩下1海里时，她看见前面大雾茫茫，潜意识发出了"何时才能游到彼岸"的信号，她顿时浑身困乏，失去了信心。于是，她被拉上小艇休息，失去了一次创造纪录的机会。事后，弗洛伦丝·查德威克才知道，她已经快要登上了成功的彼岸，阻碍她成功的不是大雾，而是她内心的疑惑。她在大雾挡住视线之后，对创造新的纪录失去了信心，最终被大雾所俘虏。过了两个多月，弗洛伦丝·查德威克又一次重游加利福尼亚海湾，游到最后，她不停地对自己说："离彼岸越来越近了！"潜意识发出了"我这次一定能打破纪录"的信号，顿时浑身来劲。最后，弗洛伦丝·查德威克终于实现了目标。

有句话说：
当你需要勇气的时候，就能战胜自己的懦弱；
当你需要勤奋的时候，就能战胜自己的懒惰；
当你需要廉洁的时候，就能战胜自己的私欲；
当你需要谦虚的时候，就能战胜自己的骄傲；
当你需要宁静的时候，就能战胜自己的浮躁。

自我暗示能够左右一个人的意志。人与人之间、弱者与强者之间、成功与失败之间最大的差异就在于意志力量的差异。不断加以积极的自我暗示，就能增强你的气场，就能增强意志的力量，就能战胜自身的各种弱点。自我发展，向成功的目标迈进，其实就是一个与自我意识中的消极成分抗争的过程。

有一位非常年轻的歌唱家，得到了一次出演歌剧的机会。她非常看重这次机会，但是心中却一直惴惴不安。她一直梦想着能够出演一次歌剧，但不幸的是，此前尝试过三次，都失败了。所以，这位歌唱家变得恐惧起来。虽然在其他场合听过她唱歌的人都说："嗓音很棒！"但是她每次都对自己说："轮到我试唱时，我总是唱得一塌糊涂。我始终不能入戏，导演一点儿也不喜欢我。他们一定在想，这种破嗓子也好意思来丢人现眼。"

她的潜意识接受了这种消极的自我暗示，并把它当做命令一样地去执

行。于是,她失去了这次机会。尽管她之后号啕大哭,无限懊悔,却也无济于事了。

此后,在一个朋友的帮助下,这位年轻的歌唱家开始尝试用积极的自我暗示来对抗消极的自我暗示的影响。

她每天把自己关在一间安静的小屋里,她躺在小屋中一张柔软的躺椅上,全身放松,身体和心灵都在这一刻归于平静。因为生理上的低兴奋水平可以让心灵更容易接受自我暗示。她缓缓地对自己说:"我的歌声很好听,大家都承认。我的仪态优雅而自信,我很平静。"

之后,歌唱家又一次得到了出演歌剧的机会。她变得不再紧张,不再担心自己唱不好,她沉着而又自信地全身心投入进去,在导演面前展现出婉转动听的歌喉,并最终赢得了歌剧中的这个角色。

我们一生中会遇到很多敌人,但是不会有任何一个敌人比自己更难以战胜。你能够做的或你梦想要做的,都要努力去实践,但在这过程中总会有软弱的时候、为欲望所诱惑的时候、让你想要放弃目标的时候,甚至在自暴自弃中祈求安慰的时候。战胜自我,并不是一件简单的事,将这比做人生中一项要不断为之奋斗的事业,也不为过。

在追求成功的道路上,我们发现一部分人失败了,而另一部分人却成功了,这究竟是什么原因呢?这其中的主要原因是:前者被自己打败,而后者却能打败自己。

善于运用心理暗示力量的人,为了能打败消极的"我",会有意地为自己营造一个"积极的错觉"。

某位拳击手为了鼓励有些自卑的弟子去战胜实力不如自己的选手,就先与他进行了一场比赛,让自己"假装"被打倒,这样,弟子就以为自己的实力已经非常强了,信心膨胀,面对任何挑战都能够表现出自己的最高水平。这就是"积极的错觉"所带来的奇妙力量!

## 驾驭"本我",驾驭你的气场

按照弗洛伊德的学说,"本我"属于潜意识,受到意识的支配,而意识也会受到社会道德的制约而无法展现其本来的面目。因此,人们的行为更多地表现在"自我"这个层面上。

对于"本我"和"自我"的关系,弗洛伊德曾经打过一个比方:"本我"是马,"自我"是马车夫。马是驱动力,马车夫给马指引方向。"自我"要驾驭"本我",但马可能不听话,两者就会僵持不下,直到一方屈服。对此,弗洛伊德有一句名言:"'本我'过去在哪里,'自我'即应在哪里。""自我"又像一个受气包,处在"三个暴君"(即"外部世界"、"超我"和"本我")的夹缝里,努力调节三者之间相互冲突的要求。"超我"(superego)代表良心、社会准则和自我理想,是人格的高层领导,它按照至善原则行事,指导"自我",限制"本我",就像一位严厉正经的大家长。

从以上的解释中不难看出,超越自我是一种努力向善、努力表现成熟卓越的境界。但是,超越自我是建立在"本我"的自然基础上的,如果没有"本我"这个基础条件,无论对社会道德与行为准则有多大的认同程度,超越自我也很难在与"本我"的斗争中得以胜出。

要善于运用积极的心理暗示影响潜意识,即"本我"。战胜别人,先要战胜自己,战胜自己首要的是实现对"本我"的驾驭。

人们常常抱怨,人生中有太多的敌人,包括学习中遇到的沟壑、事业上难爬的高山、生活中隐藏的陷阱。竞争的年代,又平添了众多的对手,时时向你发起挑战和进攻,就像枪口对枪口,尖刀对尖刀。你稍一麻痹,稍一犹豫,就将前功尽弃或前程断送。可你哪里知道,真正的敌人不在眼前和背后,而是你自己。你要战胜各种艰难困苦,先要战胜你自己,也即发挥出你的潜能。只有发挥出你最大的潜能,你才能实现对"本我"的超越。

## 第2章 激活潜意识，唤醒内在潜能，引爆气场能量

美国有位叫凯丝·戴莱的女士，她有一副好嗓子，一心想当歌星，遗憾的是嘴巴太大，还有暴牙。她初次上台演唱时，努力用上嘴唇掩盖暴牙，自以为那是很有魅力的表情，殊不知却给别人留下滑稽可笑的感觉。有位男观众很直率地告诉她："暴牙不必掩藏，你应该尽情地张开嘴巴，观众看到你真实大方的表情，相信一定会喜欢你的。也许你所介意的暴牙，会为你带来好运呢！"

一个歌唱演员在大庭广众之下暴露自己的缺陷，先是要用理智说服自己，还要有勇气打败自己。对于这位男观众给出的忠告，凯丝·戴莱跃跃欲试，但是，"谁知道他不是故意想要让自己出丑呢？"最终，凯丝·戴莱不断说服自己：要彻底放开，不再为暴牙而烦恼！她尽情地张开嘴巴，全身心地投入其中，果然，换来的是观众们热烈的掌声。

有时，"本我"、"自我"的激烈冲突，仿佛一场战争，让你深感身心疲惫。不过，超越自我就要摆脱消极心理暗示的纠缠，实现对"本我"的控制。

从心理学的角度来看，实现自我超越，最重要的是驾驭自己的潜意识，而并非去做一些自己根本办不到的事情。弗洛伊德所提出的"本我"、"自我"和"超我"概念是一个相互联系又相互制约的互动过程。也就是说，超越自我总会受到"本我"的制约，两者之间的冲突不断，妥协点通常会落在比较现实的"自我"上。

当一个人由于"本我"的制约而不能实现超越自我时，往往会患上神经衰弱症。当超越自我的想法发展到极致而又无法实现时，人往往容易反过来坠入虚无的深渊，突然对周围的事物变得淡漠，患上人们常说的"忧郁症"。因此，人在为自己设定超越自我的目标时，应量力而行，去发掘那些尚未开发的潜能，而不是让自己去"水中捞月"。从唯物主义的观点来看，没有哪个人能真正地实现超越自我，因为人不可能在超出自己能力的情况下实现任何企图。超越自我更多的是一种发掘潜能的心理暗示。

## 发掘潜意识，发掘气场的最大能量

如果你十分崇敬成功人士，那么当你学会赞美成功人士，暗示自己有一天也要像他们一样时，你的潜意识已经开始模仿他们的一举一动了。一旦在潜意识中有了追求成功的驱动力，你的成功潜意识不但能帮你想点子，解决问题，还能为你提供进攻的策略。

不过，潜意识的能量大部分都在沉睡着，远远没有被开发出来。激发沉睡的潜意识的能量，就能最大限度地提升你的气场能量。

自我暗示能刺激你的潜意识，潜意识又能够反作用于你的自我意识。除了用暗示的力量开发潜能外，还可以参照下列方法。

**1.训练开发潜意识无限的"储蓄"和记忆功能，将为你的聪明才智奠定更为广阔、雄厚的基础**

如果你想建造高楼大厦，那么就必须先储备好各种各样的建筑材料、装修材料、设计图纸、建筑技能、建筑机械、管理指挥技能等。同样，如果你要追求成功，那么就应该不断学习新的东西，给你的潜意识不断输入新养料。如果想使你的大脑更聪明，更富有智慧，更富于创造性，那么就必须给潜意识输送更多的相关信息。

为了使你的潜意识"储蓄"功能效率更高，可采取一些辅助性的手段，如重要资料的重复输入，重复性学习，增加记忆功能，建立看得见的信息库，分类保存图书、剪报、笔记、现代的电脑软件等，以便协助潜意识为你的创造性思维和其他聪明才智服务。

**2.训练对潜意识的控制能力，使它为你的成功服务，而不是把自己的前途导向失败**

如上所说，由于潜意识"是非不分"，不管积极的、消极的，还是好的、坏的，它都统统吸收，并且常常跳过意识而直接支配人的行为，或者直接形成人的各种心态,所以,在某种意义上,"成"也是潜意识,"败"也是潜意识。因此,你要训练自己,努力开发利用有益的、积极的、有助于成功的潜意识,对可能导致失败的、消极的潜意识,必须加以严格的控制;你应该珍惜潜意识中原有的积极因素,并不断输入新的、健康的信息资料,使积极的、成功的心态占据统治地位,成为最具优势的潜意识,使之成为支配你行为的直觉性习惯和"超感"意识;对一切消极的、失败的心态和信息进行控制,不要让它干扰你的正常生活,不要让它进入你的潜意识。

**3.潜意识帮你解决意识中碰到的难题,获得创造性灵感**

潜意识蕴藏着人的一生于有意无意间所感知或认知的信息,并且能够将它们自动排列、组合、分类,产生一些新的信念。所以,你可以给它指令,把各种美好的梦想,把你所碰到的难题转变成清晰的指令,经由意识转到潜意识思维中,然后放松自己的身心,等待它给你答案。

美国著名潜意识专家博恩·崔西提出了用以下一些"刺激法"激活潜意识的原则:

(1)听觉刺激法:当你在恐慌、害怕、缺乏自信时,就大喊几声,这可以使你立即恢复信心和力量。声音的力量可以影响你的信念,为你带来积极的效果。

(2)视觉刺激法:在房间里挂起一块"梦想板",把自己的目标画成图画,剪下并贴在"梦想板"上,天天观看。这可以时时刺激你的潜意识,使之帮助你达成梦想。

(3)意向刺激法:利用潜意识"不分真假"的原理,在大脑中引导你所希望的成功场景,从而达到替换你的潜意识中负面思想的目的。通过反复的自我暗示,改变自我意象,可以树立必胜的信念,并使自我产生积极的行动,从而达到你预期的目标。

当遇到消极性信息时,可采取两个办法加以控制:一是立即抑制它,回避它,不要让其"污染"你的大脑思想。对于过去无意中吸收的消极信息,永远也不要提及它，把它遗忘，就让它沉入潜意识的海底好了。二是进行判断性分析，"化腐朽为神奇"。你要用成功、积极的心理暗示，对它们进行深入分析和引导，化害为利，如同使有毒的草化成肥料一样，把它们变成有益于成功的思想意识。

## 改变目标图像，提升气场能量

一个人的信念和目标，能够化为一个人积极的自我暗示，进而提升一个人的气场能量。

当我们为自己树立起一个目标时，我们也会暗示自己变得积极起来，为了目标而奋斗。当然，每个人坚持时间的长短是不一样的。

当别人问到我们是否希望获得成功时，我们总会给出肯定的答复，但是却又能立即找出一大堆原因，说明自己为什么无法成功。这些"原因"其实根本不是以当前理性思维为基础的原因，而只不过是信念，是易受改变的信念而已。只有树立正确的信念，你才能踏上成功之路。

我们的行为和情感都源于信念。我们之所以今天还在为成功人物做传记，为他们唱励志赞歌，却不能靠近成功的圈子一步，原因之一就是有一种错误的信念支配着我们的情感和行为。我们要问问自己，以便根除它的原因：是否有某种任务你本希望去完成，某种渠道你希望借以自我表达，却总因为觉得"我做不到"而止步不前？如果你多问自己几个"为什么"，那么就能找到问题的答案了。

"为什么我相信自己做不到？"然后问自己，"这一信念是建立在确切的事实上的，还是基于某个假设的，或者说是以一个错误的结论为基础的？"

要想让理性思维有效地改变信念和行为，就必须让内心深处的情感和渴望与其相伴。

为自己描绘你希望成为的那种人，描绘想拥有的那些东西，并假定这些设想成为可能的那一刻就在眼前。要唤起对这些目标的深深渴望，要对它们充满热忱，要仔细分析它们，在脑子里来回查看。你当前的消极信念是通过想法加情感形成的，如果能产生足够的情感或内心感受，那么你就会产生新的思想和想法，从而将过去的消极信念一笔勾销。

通过心理暗示使自己的目标由消极的改变为积极的。担忧时，你先会在想象中栩栩如生地描绘一种不希望出现的后果或目标。你忍不住对它思来想去（仔细思考它），把它作为一种可能发生的情况描绘给自己。你反复认为它真的可能发生。这种不断重复、对可能性的不断思索，会让你所担心的最终结果变得似乎越来越真实。一段时间后，就会自动产生与其相应的情绪（如恐惧、焦虑、沮丧），所有这些情绪都与你不想看到、你所担心的最终结果对应。

现在，要改变目标图像，改变自己心理暗示，从此就同样容易产生"美好"情绪。不停地为自己描绘某个想要的最终结果，并对其深思熟虑。这样做也能使美好的可能变得越来越真实可信。同样，与其对应的情绪（如热情、快乐、鼓舞和幸福）也能自动产生。

问自己以下四个问题，找出错误信念产生的根源并想办法克服：

（1）这种信念的产生有没有合理的原因？

（2）我固执地坚持这一信念会不会犯错？

（3）在类似情况下，如果别人是我，我会不会对他们得出相同的结论？

（4）如果并没有说得过去的原因让我信奉它，那么为什么我必须表现得、感受得就像它是真的一样呢？

不要心不在焉地放过这些问题，而要苦思冥想，认真地考虑它们，怀着感情去思索它们。你是否发现你在自欺欺人，你在低估自己，其原因并非某个"事实"，而只是由于某个不合理的错误信念？

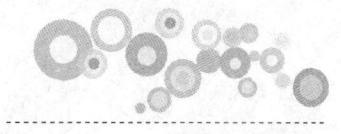

# 第3章
## 修炼个性气场，内在精神决定气场高度

凡是气场强大的人都有独特的个性。"个性"是什么？美国著名个性心理学家阿尔伯特（G.W.Allport）认为，"个性是决定人的独特行为和思想的个人内部的身心系统的动力组织。"也就是说，自己这种独特的行为和思想，区别于其他人，在平时的交往中，能给人留下深刻的印象。这不仅为我们增添个人魅力，使我们更容易获得成功的机会，而且也能使我们保持情绪的稳定和人际关系的和谐。

## 成功的个性塑造成功的气场

我们说失败源于失败的个性，那么成功自然离不开成功的个性。成功的个性有着不可思议的力量，这种力量就是成功者的气场。

有这么一些人，他们总能以自己满腔的热情深深打动别人。很多人，无论在理智上还是情感上，都会被他们吸引，而且这种吸引是心甘情愿的，以至会在不知不觉中去为实现他们的目标而效力。

那么他们的威信是怎样来的？究竟是什么因素构成了这些威信？这些人为什么这样有吸引力？

难道仅仅是因为天花乱坠的说辞吗？还是他们在待人接物方面天生就圆滑？亦或他们在设法引人注目方面有什么秘诀，而正是这些秘诀使得我们围着他们团团转？

确实，以上都是原因，但仅仅是部分原因，更科学的说法是，他们具有独特的个性魅力。所谓魅力，就是这么一种能力，它是由你的个性所决定的，通过身体上、情感上及理智上与他人的相互接触，对他人产生积极的影响。

个性魅力包括以下几个要素：

（1）无声语言。无声语言是一种信号，是你在不知不觉中向周围人发出的一个眼神、一个动作，或者是一个笑容，所有这些都会形成你的"无声语言"，也即你的"形象"。

（2）表达能力。也许你有很不错的想法，但是，如果不把它说出来，又有谁会知道呢？又有谁会赞同呢？

（3）聆听技巧。对那些没有受过很多教育或训练的人来说，多听也是一把交流的钥匙，它同样会使人觉得耳目一新。

（4）说服技能。这是一项鼓励人们接受你的领导或采纳你的意见的技

巧。一个无论多么正确的观点，如果不被认同、采纳，也无济于事。

（5）运用时空的能力。同样，这一点也常常被人忽视。事实上，时空的运用，既能促进人际关系，也能破坏人际关系。

（6）适应他人的能力。不了解他人的风格，却又想与之交往，这是不可能的。所以，为了建立良好的人际关系，要努力提高你的行为的适应性。

（7）重要的见识。也许你是一个强有力的雄辩者，也许你在建立人际关系上有很大能耐，也许你在聆听和利用天时地利方面做得很出色，但如果你没有什么好东西可说，那就始终是一个空架子。

可见，个人的性格魅力并不是由某个单一因素构成的。事实上，一个人之所以有魅力，正是由于他有着这么一系列联成一体的技巧和方法。

## 培养气场，以个性烘托身份

比起个性张扬的西方人，中国人的性格属于内向型。长期以来，谦虚、稳健、忍耐、退让就是我们最高的处世原则。这种平庸的灰色性格，来自传统和教育，和人们自然的本性其实并不相符。换个简单的说法，就是我们的性格被压抑了。

一个没有自己特色的人，是很容易被埋没的。在现代社会，人们性格中张扬、进取和自信的一面，越来越受到大众的追捧。一个人的学识，来自于长期的积累；一个人的容貌，主要取决于先天的因素。而个性的魅力，却可以通过你的言谈举止来传递，在极短的时间内，给人一种深刻的印象。

杨澜人生的第一个转折点来自于应聘中央电视台《正大综艺》节目主持人。在此之前，她只是北京外国语大学的一名普通大学生，并没有什么突出之处。如果没有这次机遇，杨澜也可能会在生活中表现得很优秀，但其成名却不可能这么早、这么快、这么轰轰烈烈。

正如杨澜在自传里所说的那样："如果没有一个意外的机遇，今天的我恐怕已做了什么大饭店的什么经理，带着职业的微笑，坐在一张办公桌后面了。"而对这个意外机遇的掌握，正是靠她个性的表现。

那个机遇是泰国正大集团与中央电视台共同制作《正大综艺》，双方决定要挑选一位女大学生做主持人，杨澜被推荐参加试镜。

说实话，刚开始杨澜并不被人看好，只是因为她的气质较佳，才能一路过关斩将杀入总决赛。据一位导演透露，虽然杨澜也被视为最佳人选之一，但是有的人认为她还不够漂亮，所以是否用她并不能确定。

最后确定人选的时候，电视台主管节目的领导也到场了，他们要在杨澜和另外一位连杨澜也不得不承认"的确非常漂亮"的女孩子中间选择一人。这将是最后的选择。杨澜的好胜心一下子被激起，她想："即使你们今天不选我，我也要证明我的素质。"

这次考查的题目是：一、你将如何做这个节目的主持人；二、介绍一下你自己。

杨澜是这么开始的："我认为主持人的首要标准不是容貌，而是要看她是否有强烈的与观众沟通的愿望。我希望做这个节目的主持人，因为我喜欢旅游，人与大自然相亲相近的快感是无与伦比的，我要把自己的这些感受讲给观众听。"

在介绍自己时，杨澜是这样说的："父母给我取'澜'为名，就是希望我有像大海一样的胸襟，自强、自立，我相信自己能做到这一点……"

杨澜一口气讲了半个小时，没有一点文字参考，她的语言流畅，思维严密，富有思想性，很快赢得了诸位领导的赏识。人们不再关注她是否长得足够漂亮，而被她的表现深深吸引了。据杨澜后来回忆说："说完后，我感到屋子里非常安静。看来，用气功的说法，是我的气场把他们罩住了。"

当杨澜再次回到那个房间，中央电视台已经决定正式录用她了，这次面试改变了她的一生。

如果用大众的标准衡量，杨澜绝不是那种天生丽质的大美女，我们今天会以为杨澜漂亮,其实那是她的风度、气质、才识和个性给人的综合感受。如果你有实力有内容,再加上那么一点点出彩的个性,从人群中脱颖而出的概率无疑会增大许多。从这个意义上说,个性就是提高身价的一个重要加分因素。但是值得注意的是,那种带着强烈个人色彩的言谈举止,只能是个人实力的点缀。人在社会中立足,不能光靠那种与众不同的作风引人注目。

台湾的李敖,才华、学问本是不错的,加上他时有惊人之语,一度是大众的偶像。因与台湾当局的政见之争,他曾两度入狱,这不但无损于李敖的形象,反而增加了人们对他的敬意。可惜的是,李敖的风头出得太足,个性的表达也太频繁了,八九分的才气,十分的展示,本末倒置,终没能成就大师风范。

据说,现在说一个人"谦虚、老实",其实就是骂他没本事。这种平庸的人,在社会上一抓一大把。是的,没事躲在角落里,连句囫囵话都说不出来的人,在今天当然不会有市场。想让人家承认,把自己身上的好东西摆出来让大家看看是必要的,但这不意味着为了一场个性的表演,就可以不分场合地大放厥词。要知道即使你是一颗光芒四射的钻石,还要防止人家"审美疲劳"呢。

## 坚持原则会让我们的气场强大

我们在日常休闲和消费的过程中,讲究品位和个性,其目的就是让自己满足,让他人认同,以此映衬出自己身份的高贵来。一切事物,凡昂贵的、高雅的或者另类的,总是人们追捧的对象。其实,除此之外,对自己"原则"的坚守也可提高我们的身价,只是我们平时不太注意。

在宗教圣地耶路撒冷,有一个名叫"芬克斯"的酒吧。它连续3年被美国《新闻周刊》杂志选入世界最佳酒吧的前15名。

这个酒吧是65年前由英国人开办的,至今,包括桌子和椅子,它的内部摆设都保持着原来的样子。虽然它的面积只有30平方米左右，里面也只有1个柜台和5张桌子，是一个极为普通的酒吧，但由于经营有方，成了来耶路撒冷的各国记者喜欢停留的地方。它现在的老板是一个名叫罗斯·恰尔斯的德国犹太人。他在1948年买下了"芬克斯"，一直经营至今。

这个"芬克斯"一跃而成为世界著名的酒吧，完全是因为美国前国务卿基辛格的缘故。

在20世纪70年代，为了中东和平而穿梭奔走的基辛格，来到耶路撒冷时，想去造访名声挺好的"芬克斯"。他亲自打电话到"芬克斯"预约，接电话的恰好是店主罗斯恰尔斯。

那时在约旦和巴勒斯坦，可以说无人不知基辛格的大名，因为他的名字被人传扬着，而且他还掌握着约旦和中东的命运。罗斯·恰尔斯起先非常客气地接受了基辛格的预约，然而，基辛格提出的要求却深深刺痛了罗斯·恰尔斯那根职业道德的敏感神经。

基辛格这样说："我有十个随从，他们也将和我前往贵店，到时希望谢绝其他顾客。"基辛格认为这个要求绝对能够被接受，因为自己是伟大的基辛格，而对方只不过是一个酒吧的小老板，而且自己光顾那个小店，无形中也会提升它的形象。不料，罗斯·恰尔斯却给了基辛格一个意想不到的回答。他非常客气地说："您能光顾本店，我感到莫大的荣幸。但是，因此而谢绝其他客人，是我所不能做的。他们都是老熟客，也就是支撑着这个店的人，而现在因为您的缘故把他们拒之门外，我是无论如何不能那样做的。"

听到这个意外的回答，基辛格被噎住了，他挂断了电话。

第二天傍晚，基辛格又一次打电话。他真不愧是一个伟大的人物，先是对自己昨天的不礼貌表示道歉，说这一次只有三个随从，只订一桌，而且不必谢绝其他客人。这对基辛格来说可算是最大的让步。但是，结果又令基辛格大感失望。

"非常感谢您的诚意，但是我还是不能接受您明天的预约。"罗斯·恰

尔斯这样回答。

"为什么？"基辛格大惑不解。

"因为明天是星期六，本店的例休日。"

"但是，我后天就要离开此地，你不能为我破一次例吗？"

"那不行。作为犹太后裔的您也应该知道，对我们犹太人来说，星期六是一个神圣的日子，在星期六营业，是对神的亵渎。"

基辛格听后，什么也没说就挂断了电话。

这件事被美国记者知道后，写成《基辛格和芬克斯》的报道，在美国报纸上大事渲染，这恰恰提高了"芬克斯"的知名度。

罗斯·恰尔斯是个有原则、有底线的人，他所经营的芬克斯酒吧也是个忠实的、高贵的酒吧。这种"任尔东西南北风，我自岿然不动"的气场，让旧相识舒心，让新朋友感叹。

"坚持的"，总会给旁观者留下深刻的印象。西方的一些世家贵族，对自己家族的姓氏、徽号、历史和荣誉都珍视到固执的程度，礼貌的谈吐、冷漠的腔调，也是他们固有的特征。正是这种绝不与人同流的作风，使他们在失去了庄园和城堡的情势下，依然保持着贵族的身份。如果人们在一个人身上感受到一种与众不同的东西，通常会觉得他是个有来头的人，是个值得尊重的人，自然地，他就比那些普通人有分量。这种摆谱的方式，在生活中也很常见，比如有人宣称只穿天然纤维织物做的衣服，只喝不加糖的咖啡，不参加人太杂的聚会，不涉足不正规的生意等。其画外音都是："注意，我不是个随随便便的人，你必须拿出相应的规格来对待我。"

## 专注力释放惊异的能量

哪个气场强的人是随随便便的人？哪个随随便便的人气场很强？

那些已经功成名就的人和庸庸碌碌的小人物，在二十几岁初入社会时，差别并不是很大。这些意气风发的年轻人，都眼睛闪亮，干劲十足，渴望有一个美好的未来。但是几年的拼搏过后，其中一些人感觉到了个人力量的渺小，于是他们失望了、退缩了，忘却了当年发财致富、出人头地的梦想，沉溺于休几天假、拿点儿奖金、偶尔和两三个好友吃次饭的小满足。长此以往，他们就会人生目标模糊，头脑迟钝，能力退化。

这些人还有一个通病，那就是不容易集中注意力。要他们全神贯注地去做一件事情，哪怕只有1小时，对他们来说，都是痛苦的。碰到任何一件事情，他们都是依照最初所接收到的消极信息来解释，而不去换一种方式思考。时间一长，他们对事情的认知就永远停留在原始水平上。

在你为确定不了自己的人生方向而感到迷茫的时候，应该仔细地思考一下这些问题：自己想做什么？想过怎样的生活？自己和别人、社会想保持怎样的一种关系？在哪种状态中自己会感到最满意？

这个时候，我们需要及早做好自己的人生规划。有一个目标，可以使你免于成为琐事的奴隶，全神贯注于自己有优势并且会有高回报的方面，从而最大限度地发挥自己的潜力，让自己的气场慢慢强大起来。

国外曾经有这样一则报道：300条鲸鱼在追逐沙丁鱼时，被困在了一个海湾里再也回不了大海。有人评论说："这些小鱼把海上巨人引向死亡，鲸鱼为了微不足道的小利而空耗了自己的巨大力量。"

没有目标的人，就像上面的那些鲸鱼，他们也许有着巨大的能量，但他们把精力放在小事情上，小事情使他们忘记了自己本应做什么。要发挥潜力，你必须全神贯注于自己有优势并且会有高回报的方面。目标能帮助你集中精力。另外，当你不停地在自己有优势的方面努力时，这些优势会进一步发展，甚至会爆发出你自己都感到惊异的力量。

美国汽车大王亨利·福特是世界名人，他的伟大始于他的目标远大。他在自传中写道："我将为广大群众制造一种汽车，它大得足够一家人乘坐，但也小得只要一个人维护就够了。它是按照现代工程技术设计出的最完美的图样，用质量最好的材料、雇佣最优秀的人员制造出来的。但是它的价格很低，以至于工资不高的人也能买上一辆，并与其家人在上帝所赐予的广阔天地里享受快乐的时光。"

目标确定以后，福特先生就开始了毕生的事业追求。

对于福特先生的成就，美国《纽约时报》写道："当他来到人世时，这个世界还是马车的时代。当他离开人世时，这个世界已经成了汽车世界。他为'大众'造车，大众既是熟练机械师亨利·福特的受益人，也偶然成为使他受益的人。"

有了目标，人生就变得充满意义，一切似乎都清晰、明朗地摆在你的面前。什么是应当去做的，什么是不应当去做的，为什么而做，为谁而做，所有的要素都是那么明显而清晰。

有一次，在高尔夫球场，罗曼·V·皮尔在草地边缘把球打进了杂草区。有一个青年刚好在那里清扫落叶，就和他一块儿找球，这时，那个青年很犹豫地说："皮尔先生，我想找个时间向你请教。"

当皮尔问他有什么问题时，他说："我也说不上来，只是想做一些事情。"

"能够具体地说出你想做的事情吗？"皮尔问。

"我自己也不太清楚。我很想做和现在不同的事，但是不知道做什么才好。"他显得很困惑。

"原来如此，你想做某些事，但不知道做什么好，也不确定要在什么时候去做，更不知道自己最擅长或喜欢的事是什么。"

听皮尔这样说，他有些不情愿地点头说："我真是个没有用的人。"

"你说错了，你只不过是没有把自己的想法加以整理，或缺乏整体构想而已。"

皮尔建议他花2星期的时间考虑自己的将来，并明确自己的目标，用最简单的文字将它写下来，然后估计何时能顺利实现，并建议他得出结论后，再来找自己。

2星期以后，那个青年显得有些兴奋，至少精神上看起来像完全变了一个人似的出现在皮尔面前。这次他带来明确而完整的构想，已经掌握了自己的目标，那就是要成为他现在工作的高尔夫球场的经理。现任经理5年后退休，所以他把达到目标的日期定在5年后。

他在5年的时间里确实学会了担任经理必备的知识和领导能力。这经理的职务之后空缺，没有一个人是他的竞争对手。

现在他的地位变得十分重要，成为公司不可缺少的人物。现在的他过得十分幸福，非常满意自己的人生。

心存梦想、力争上游的人，他的每一天都比周围的人更积极、更活跃，这就是量变。如果你能坚持这种积累，必定有不凡的成就。

一个人的优秀是从有梦想开始的。及早树立目标的好处就是，它们会释放能量来协助你达成目标，能够集中你的注意力及精力，让你清楚地看到未来，给你勇气去开始并坚持到最后。

如果你是一位学生，且为分数读书，你会得到分数；如果你为求知而读书，你会得到更高的分数与更多的知识。如果你想做一笔生意，你可能会做成；如果你为了成就事业而做成生意，你会售出更多产品而且建立你的事业。如果你仅为薪水而工作，你可能得到较少的薪水；如果你为改善公司而工作，你不仅会得到较多的薪水，也会得到同事的敬重，你对公司的贡献将会大得多，公司给你的报酬也会大得多。

坚忍不拔地为事业而奋斗，是成功人士特有的。我们把这种精神称为气场，没有气场我们的挑战就没有了方向。而有梦想的人，就算不能实现这个梦想，也会因为奋斗的过程而实现特别的价值。

## 气场强的人有大家风范

以"不关注"、"不介意"来回应对手,表面做高姿态而实则言辞犀利,这在一时之间,也足以打击对手的气焰了。只是这种比高傲更高傲、比嚣张更嚣张的做法,只能杀敌不能济友,除非是对自己有足够信心的实力派人物,否则还真不要轻易使用。

在这个基础上,我们还可以做得更隐秘曲折一些。

这几年《百家讲坛》讲国学历史很火,推出了一大批名家。"品汉代风云人物"之后再"品三国"的易中天,人红书火,无疑是风头最劲、气场最强的主讲人。有学问的人都有些个性,易中天有"应对批评三原则":指出硬伤,立即改正;学术问题,从长计议;讲述方式不讨论。但是对于其他"坛主",易中天一向称赞有加。他说马瑞芳,"百家讲坛既被专家肯定也受观众欢迎的,是'说聊斋'";说毛佩琦,"毛佩琦的经典讲得棒极了,还特可爱";说他最重要的"竞争对手"于丹,"小妮子的口才太棒了,她的语言真叫华丽、优美、流畅";说康震,"康震有一集讲得特别好。他讲李白的思想,道家思想是什么,佛家思想是什么,一、二、三、四,头头是道"。他又表扬钱文忠很有潜力,曾仕强最受欢迎,几乎有一个算一个,都曾被易教授称赞。

无疑,易中天的风度不错,比起那些自己没成果,对别人反而一味吹毛求疵的"学者",他的形象可爱得多。要说易中天"非常谦虚",那倒也不一定。在公开场合称赞别人的人,一般都是有些资格和地位的,易中天把诸位同人夸了个遍,隐隐然自己就是无形的盟主。若不相信,你可以这样假设一下,年纪轻、资历差,毛手毛脚地闯进《百家讲坛》的中学历史教师纪连海,如果也有类似的言论,人群中肯定会有人皱眉:"这话也轮得到你说?"

## 第3章 修炼个性气场，内在精神决定气场高度

领袖气度、大家风范，不是只凭长矛利剑、武功超群就能树立起来的，靠一己之力，即使你能打败100个人，也不过是多了100个对手而已。每一个站在高处的人，都要面对来自各方的挑战，平息争端往往比干净漂亮地打赢一场战争更重要。

尼克松1952年被共和党提名为副总统候选人，竞选期间，突然传出一个谣言，《纽约邮报》登出特大新闻"秘密的尼克松基金"，开头一段说，今天揭露出有一个专为尼克松谋经济利益的"百万富翁俱乐部"，他们提供的"秘密基金"使尼克松过着和他的薪金很不相称的豪华生活。

尼克松非常明白，不利舆论已经气势汹汹，单靠说明这件事的真相是远远不够的，他要坦诚地公布他的全部财务状况来证明自己的清白。他从青年时期开始说，他说："我们有一辆用了2年的汽车，两所房子的产权，4 000美元人寿保险。没有股票，没有公债。我们还欠着买房的1万美元债务，欠银行4 500美元，欠人寿保险500美元，欠父母3 500美元。"

"好啦，差不多就是这么多了。"尼克松说，"这是我所有的一切，也是我所欠的一切。这不算太多，但帕特（尼克松夫人）和我很满意，因为我们所挣来的每1角钱，都是我们自己正当挣来的。"到这时，他无疑已把广大听众争取过来了。

不过，尼克松是个劲头很大的人，他不仅要让公众相信他、不信谣言，还要借此机会去与公众作感情沟通，希望沉默的多数选民开口说话。

为此他进行了一次演说，演说的场所是他的书房，出场人物是他和夫人帕特、两个女儿及一条有黑白两色斑点的小花狗，大家相拥而坐，表现是一个充满温情的中上等水平的幸福家庭。与听众谈话时，尼克松不时看着妻、女和爱犬，"还有一件事情，或许也应该告诉你们，因为如果我不说出来，他们也要说我一些闲话。在提名（为副总统候选人）之后，我们确实得到一件礼物。得克萨斯州有一个人在广播中听到帕特提到我们的两个孩子很想要一只小狗，不管你们信不信，就在我们这次出发做竞选旅行的前一天，从巴

尔的摩市的联邦车站送来一个通知说,他们那儿有一件包裹给我们,我们就前去领取。你们知道是什么东西吗?"

"这是一只西班牙长耳小狗,用柳条篓装着,是他们从得克萨斯州运来的——带有黑、白两色斑点,我们6岁的小女儿特丽西娅给它起名叫'切克尔斯'。你们知道,她们像所有小孩一样喜欢那只小狗。现在我只要说这一点,不管他们说些什么,我们就是要把它留下来!"

美国人爱狗是有名的,尼克松得到的唯一礼物就是一只小狗,何况那是送给6岁女儿的,为了孩子,这是他唯一要"保卫"的东西。还有比这更富有人情味的吗?还有比这更能与普通选民情感相通的吗?何况,那只可爱的小花狗正依偎在尼克松6岁女儿的怀里呢……

支持的电报和信件雪片般飞来,尼克松出色地利用真诚抬高了自己的身价,化解了危机,赢得了民众支持。

不论什么时代、什么环境,有人出头,就有人拆台搞破坏。沉不住气的人,也许会急赤白脸地上台与来者PK,这样一来,你先前辛苦拼搏获取的优势地位就会被动摇——只有对自己的实力没有信心的人,才会拼命保护那一点可怜的成果。那还不如拿出毫不介意的高姿态来,孰强孰弱,旁观者一目了然。此外,所有的称赞、关怀、真诚和开放,都是强者的气度,让人拜服的,才是真正的高人。

## 低处保持高调,高处保持低调

放眼望去,这是个繁华纷乱的时代。高官显要、财经名人、娱乐新星、草根大腕,一起在闪光灯下登场,吸引着大众的目光。有注意力才有影响力,然后就有生产力。作秀,其实就是一场实力与个性的展示,做得好的人才有机会胜出。

## 第3章 修炼个性气场，内在精神决定气场高度

要想从人群里脱颖而出，先要卖相好。越是无足轻重的小人物，越需要成功光环的粉饰。

罗蒂克·安妮塔是英国著名的女企业家，她是美容小店连锁集团的董事长，是家庭主妇创办公司的成功典范。

安妮塔出生于意大利，毕业于面向贫民子女的牛顿学院，与丈夫戈登结婚后，日子过得并不宽裕。

安妮塔决定自己创业。结婚前，安妮塔曾到南太平洋岛国旅行，对土著居民使用的以绿色植物为原料的化妆品产生了浓厚的兴趣，她采集了不少天然化妆品配方。她认为天然化妆品一定会比市场上流行的化学化妆品更受消费者欢迎，当时创办小店的困难在于4 000英镑的投资，她唯一的办法是向银行贷款。

安妮塔带着两个女儿来到小汉普顿的一家银行，向经理诉说她的困境，说她急需开一间小店养家糊口，希望银行出于人道主义考虑，向她提供资金支持。经理认为银行不是慈善机构，拒绝了安妮塔的贷款要求。

但是，坚强的安妮塔没有绝望，她在时刻不停地想办法。安妮塔研究了一番，1周后，她穿上特制的西服，俨然一副商界女士的打扮再次来到银行。她还准备了一大摞文件，包括可行性报告和房产凭据等。在文件中，她把筹划的小店吹捧成世界上最好的投资项目，把自己美化成具有丰富经验的化妆品行业的商界奇才。这次她改变了策略，用商业银行的游戏规则——越有钱的人越容易借贷，来与银行周旋。

那位银行的经理因为1周前根本就没把安妮塔放在眼里，所以没认真注意她。这次改头换面再来时，竟没认出她来。安妮塔的资历通过了银行的审查，很顺利地贷到了4 000英镑，这笔钱成为她非常重要的启动资金。

1976年3月27日，安妮塔的美容小店正式开张。由于此前《观察家报》报道了她开店的情况，结果该店一炮打响，顾客盈门，第一天的收入就达到130英镑。

此后安妮塔不断开设分店，走上了连锁经营的道路，她的小店变成了遍布全球的大企业。

这个世界上的穷人，是被机会的列车抛在后面的人。当他们发现别人拥有名气、财富和地位，而自己始终两手空空的时候，不免对自己的能力产生怀疑。自卑的心理，使他们一直蹑手蹑脚地行事，小心翼翼地说话。长此以往，这种谦卑成了他们身上最深刻的烙印，即使有人想拉他们一把，也是以施舍者的面目而不是合作者的身份出现。

现代社会，人们的眼睛多是往上看的，当我们需要外界的助力的时候，表现自己的困苦绝不如展示自己的信心更有力度。

对于那些还没有建立起事业基础的小人物，作秀最首要的就是给自己做门面。有些人之所以能在人群中当老大，不是因为他拥有多少现成的资本，而是因为他的号召力和感染力就是一种可贵的无形资产。一个指点江山、纵横捭阖的强人，会让追随者完全忘记他的出身和起点，有钱出钱，有力出力，心甘情愿地跟着他打江山。

只有那些风云际会，在某一领域风光无限的人物，才有资格返璞归真，既不摆架子，也不做什么姿态。

香港广告界著名人士林燕妮，在主持广告公司时，曾与李嘉诚的长实集团有业务往来。广告市场是买方市场，只有广告商有求于客户，而客户丝毫不用担心有广告无人做。这样，自然会滋长客户尤其是像长实集团这样的大客户的颐指气使、盛气凌人的气焰。

林燕妮回忆道："头一遭去长实集团总部商谈，李嘉诚十分客气，预先派了穿长实集团制服的男服务员在地下电梯门口等我们，招呼我们上去。电梯上不了顶楼，在踏进长实大厦办公厅后，换了一个穿着制服的服务员陪着我们拾级步上顶楼，李先生在那儿等我们。那天下雨，我一身雨水，湿淋淋的，李先生见了，便帮我脱下外衣，他亲手接过，亲手替我挂上，不劳服务员之手。"

双方做成了第一单广告业务后，由于彼此信任，李嘉诚便减少了参与广告事宜，由助手出面商谈下一步的售楼广告，并叮嘱他们"不要劳烦人家太多"。

当一个人即使只坐在一旁点头微笑，别人也能感知到他的分量的时候，他要注意的是不使自己的实力变成对别人的压力。一些真正的大人物，给人的感觉是亲切温暖、如春风般和煦的，大家像众星捧月一样，以与之合作为荣。人心财富，自然就汇流成河。

对普通大众来说，无论实力地位都无可骄傲处，于是迫切地需要展示自己优秀的一面，以获得一个发展的机会。作秀，自然是唱高调的时候为多。但是值得注意的是，在现实生活中，每个人都会在一个特定的时间或环境中处于优势地位，比如，当我们面对一个年纪轻、经验少的人，职场上的后来者，薪金更微薄的同行，在这种情况下，要唱的就是低调了。如此，才可以表达诚意、凝聚感情，并展现你的大家气度。

秀出自己的身份不是坏事，只是我们要明白什么时候要表现，什么时候要收敛。

## 敢于作秀，大胆秀出自己的气场

在传统观念中，人们总是喜欢把"含而不露"看做一种美德，一个人的优点、成绩和才能，只能由别人来发现。至于自己，尽管你已作出许多成绩，有渊博的知识和惊人的才华，也只能说自己"才疏学浅"。如果有谁锋芒太露，就容易招来非议。人们喜欢恭顺谦让者，勇于表现自己才华的人，也总不如"谦谦君子"那样受欢迎。

然而，在今天这个竞争激烈的年代，一味地做"谦谦君子"，却有可能成为一大缺点。竞争就是要"竞"要"争"，就是要敢于和别人去一比高下。在这种情况下，我们有些傲气又有何不可呢？一个强者是需要一些傲气的，当然，这里的傲气，并不是说凌驾于他人之上的霸气，而是一种基于自身资本的气质，对自己肯定的一种姿态。

傲气是自豪的体现，是人对自己直接的认识，是自信的象征。自信，能够激发人的创造力。任何一个想事业成功的人倘若缺乏自信与傲气，便缺乏创造的动力。

傲气总是有资本的。没有资本的傲气就是轻狂、狂妄。俗话说的"骄兵必败"，就是说没有正确地估量自己以及对手的形势、情况，也就失去了傲气的资本。有资本的傲气是一种自信的傲气。傲气的最大敌人是虚荣，虚荣是企图借助外在的东西来建立内在的高度自信，而傲气却是建立在强烈的自信心之上的。真正的和符合心理科学的傲气，不仅可以接受来自社会的各种压力、推动力及挑战力的刺激，而且可时时对准自己所追求及进攻的目标，激发出极大的综合创造力。尽管有时也有失败，但失败仅仅是一个调焦的过程，它可以激发创造力，向更高层次迈进，直到成功。

在我们的传统意识里，傲气往往被视为贬义词，其实，没有傲气就没有激发创造力的催化剂，也就不可能取得成功。

没有足以自傲之物的人才会贬损"傲气"这种品质。任何自信的、有成功者气质的人，都应该正视自己的这种气质，因为拥有这种气质的人，勇于表现自己，善于争取更多的机会，会坚持不懈地朝着自己的理想奋进。

当今时代，是快节奏、高效率的时代，需要的是干脆利落、果断敢行的作风。人们忍受不了那种吞吞吐吐、羞羞答答的"谦逊"，不想听那种婆婆妈妈、"弯弯绕"式的"自谦之辞"。故作姿态的"谦虚"，已经不再适应社会的需要和节奏。在现代社会，精明的企业家招聘员工，聪明的领导者挑选下属，并不是先看你怎样言辞周到、谦恭有礼，而是看你有多少真才实学。你应当实事求是地宣传自己：有什么长处，有哪些才能，想做什么，能做什么。直来直去，使别人了解你，这样，你反而容易得到机会。

社会变革的加快，加速了知识更新的步伐。在现代社会，人们的才能和精力都受时间的制约。错过了时机，知识就会贬值，精力就会衰退。如果一个人不能在自己的黄金时代抓住机会,大胆地、主动地显示出自己的聪明才智,而总是所谓的谦虚、低调、藏而不露,那么就会贻误时机。在知识骤增的今天,即使你学富五车,也只能在短时间内保持优势,能不能在这短短的时间内获得施展的舞台,将成为你成败的关键。现代社会是人才济济的社会,可供社会选择的人才很多。你既然扭扭捏捏、羞羞答答,表示自己这也不行、那也不行,那么,有谁还愿意放着别的能人不用,而花时间来考查了解你呢?而且,既然存在着竞争,对于机会,别人就不会同你谦让,而会同你竞争。一旦你失去被选择的机会,别人就会捷足先登,而你只好自叹弗如了。

勇于表现自己,并不是人们常说的"出风头"。主动进取,充分显示自己的才能,是对自己的尊重以及对社会的负责。有些真知灼见,你不宣传,别人就不知晓。有些对社会进步具有促进作用的创新见解,你不宣传,也就无法得到推广。这不仅是个人的损失,也是社会的损失。

人们只知道贝尔发明了电话机,殊不知,在贝尔以前,早有人发明了这类装置,只不过当时的人们不理解这种发明的社会意义,不予理睬,而那位发明人也就就此罢手了。贝尔发明电话机后,遭遇也并不比那个人好,但他却顽强地向人们宣传自己的发明成果,像演员那样到许多城市去表演。在实在行不通的情况下,他又创立了"贝尔电话公司",最后才把电话推广开来。

倘若没有贝尔的"自吹自擂",电话机怎能进入人们的家庭?可见,勇于表现并不像人们想象的那样坏,恰恰相反,这正是优秀人才不可缺少的一种品德。

勇于自我表现者,是靠真才实学、靠实实在在的行动、靠看得见的成果来表现自己的价值的,而自我吹嘘者则拿不出什么实实在在的东西,只是靠谎言和欺骗蒙蔽别人。这种自我吹嘘,只能蒙蔽一时,一旦真相暴露,就将被人们唾弃。

# 第4章
## 心态决定气场，内心强大的人气场也强大

气场强的人，能对别人产生震慑力，他一定是内心强大，有一定的社会成就，得到大家普遍认可的人。气场是一种心态，外貌和道具固然有作用，但最终还是取决于内心。有气场的人，别人尊重你、靠近你、被你吸引，不敢随意忽视你、轻视你。

## 心态决定气场,气场决定命运

为什么有些人就是能拥有不错的工作、良好的人际关系、健康的身体,整天快快乐乐地过着高品质的生活,似乎他们就是比别人过得好,而许多人忙忙碌碌地辛苦劳作却只能维持生计?其实,人与人之间并没有多大的区别,但为什么有人能够获得成功,能够克服万难去建功立业,有些人却不行?

不少心理学家发现,造成人与人之间的差别的秘密就在于人的心态。一位哲人说:"你的心态就是你真正的主人。"一位伟人说:"要么你去驾驭生命,要么是生命驾驭你。你的心态决定谁是坐骑,谁是骑师。"

心态是气场的基础,心态的好坏决定着气场的强弱,而气场的强弱又跟人的命运有着直接的关系。

很多年前,在福建某贫穷的乡村里,住着兄弟两人。他们忍受不了穷困的环境,便决定离开家乡,到海外去谋发展。大哥幸运些,被卖到了富庶的旧金山,弟弟则被卖到穷困的菲律宾。

过了40年后,兄弟俩又幸运地团聚了。此时的他们,已今非昔比了。做哥哥的,当了旧金山的侨领,拥有两间餐馆、两间洗衣店和一间杂货铺,而且子孙满堂,子孙中有些承继衣钵,有些成为杰出的工程师或电脑工程师等专业技术人才。

而弟弟呢?他居然成了一位享誉世界的银行家,拥有东南亚相当数量的山林、橡胶园和银行。经过几十年的努力,兄弟俩都成功了。但为什么兄弟两人在事业上的成就,却有如此大的差别呢?

兄弟聚头,不免谈谈分别以来的遭遇。哥哥说:"我们中国人到白人的社会,如果没有什么特别的才干,唯有用一双手煮饭给白人吃,为他们洗衣服,不敢有更高的奢望。"

看见弟弟这般成功，做哥哥的，不免羡慕弟弟的财富。弟弟却说，初到菲律宾的时候，只能做些低贱的工作，但慢慢发现当地人有些是比较愚蠢和懒惰的，于是，便去做他们放弃的事业，不断收购和扩张，生意便逐渐做大了。

以上是真实的故事，反映了海外华人的奋斗历史。它告诉我们：影响我们人生的绝不仅仅是环境，心态控制着个人的行动和思想，同时，心态也决定了一个人的视野、事业和成就。

有两位年届70的老太太，其中一位认为到了这个年纪可算是人生的尽头，于是便开始准备后事的东西；另一位却认为一个人能做什么事不在于年龄的大小，而在于有什么想法。于是，她在70岁高龄之际开始练习登山，登的山有几座还是世界有名的。后来她还以95岁高龄登上了日本的富士山，打破了攀登此山年龄最高的纪录。她就是著名的胡达·克鲁斯。

70岁开始练习登山，这是一大奇迹，但奇迹是人创造出来的。一个人如果思想很积极，喜欢接受挑战和应付麻烦事，那他就成功了一半。胡达·克鲁斯老太太的壮举正验证了这一点。

一个人能否成功，就看他的态度了！成功人士与失败者之间的差别是：成功人士始终用最积极的思维方式、最乐观的精神和最成功的经验支配和控制自己的人生；失败者则刚好相反，他们的人生是受过去的种种失败与疑虑引导支配的。

有些人总是抱怨他们现在的悲惨境况是别人造成的。这些人常说他们的想法无法改变，但是，事实上我们的境况不是周围环境造成的，相反拥有怎样的人生完全是由我们自己决定的。

## 乐观的人有超然而镇定的气场

对气场来说，乐观很重要吗？也许德国人威尔科克斯说得对："当生活像一首歌那样轻快流畅时，笑颜常开乃是易事；而在一切事都不妙时仍能微笑的人，才活得有价值。"

乐观不用钱，但经常能帮人赚到钱。一位美国的投资者说："那些股票一夜之间成为一堆废纸却依然可以保持笑容的人，我喜欢他们，不仅因为他们可以看透股市投资的本质，更是因为他们超然而镇定的气场！"乐观的人在每一次困难中都能看到一个机会，而消极的人面对再好的机会也只能看到那些让自己头痛的"危险"。一个成功者的首要标志就是他的乐观心态。乐观展现的就是一个人的内心，它是一种高贵的符号，代表了一个人面对不同处境时可以达到的境界。

美国2008年发生的经济危机一点也不亚于1929年那次惊天噩梦，股市跌得很惨，经历了所谓的黑色星期五，亚洲股市的黑色一周，所有人都在哭的时候，却唯有一个人在昂首微笑，那就是荣登世界首富宝座的股神沃伦·巴菲特。2008年金融危机最严重时，美国财经杂志《福布斯》公布了"美国富豪四百强榜"，巴菲特个人净资产在33天内增加80亿美元，重新登上首富宝座，他打破了比尔·盖茨保持了15年的首富纪录。

微笑，乐观，无论现状多么糟糕，都对明天保持积极的心态，这就是巴菲特的成功秘诀。在他身上有一种乐观的气场，他总是能够在垃圾堆中发现金子，就像他当年收购《华盛顿邮报》、决定投资吉列剃须刀时一样。

人生如同一艘在大海中航行的帆船，掌握帆船航向与命运的舵手便是自己。有的帆船能够乘风破浪、逆水行舟，而有的却禁不起风浪的考验，过早地离开大海，或是被大海无情地吞噬。

之所以会有如此大的差别，不在别的，而是因为舵手对待生活的态度不同。前者被乐观主宰，即使在浪尖上也不忘微笑；后者是悲观的信徒，即使一点风浪也会让他们胆战心惊。一个人是面对困境闲庭信步，还是消极被动地忍受人生的凄风苦雨，都取决于对待生活的态度。态度决定命运，态度决定人生。

生活如同一面镜子，你对它笑，它就对你笑，你对它哭，它也以哭脸相示。持有什么样的心态，也就拥有什么样的人生。

悲观主义者说："人活着，就有问题，就要受苦；有了问题，就有可能陷入不幸。"即使一点点挫折，他们也会千种愁绪、万般痛苦，认为自己是天下最苦命的人。一如英国哲学家罗素所形容的"不幸的人总觉着自己是不幸的"。悲观主义者用不幸、痛苦、悲伤做成一间屋子，然后请自己钻了进去，并大声对外界喊着："我是最不幸的人。"因为自感不幸，他们内心便失去了宁静，于是不平、羡慕、嫉妒、虚荣、自卑等悲观消极的情绪应运而生。是他们自己抛弃了快乐与幸福，是他们自己一叶障目，视快乐与幸福而不见。

乐观主义者说："人活着，就有希望，有了希望就能获得幸福。"他们能从平淡无奇的生活中品尝到甘甜，因而快乐如清泉，时刻滋润着他们的心田。

任何事物本身都没有快乐和痛苦之分，快乐和痛苦是我们对它的感受，是我们赋予它的特征。同一件事情，从不同角度去看待，就会有不同的感受。一个人快乐与否，不在于他处于何种境地，而在于他是否持有一颗乐观的心。

对于同一轮明月，在泪眼蒙眬的柳永那里就是："杨柳岸，晓风残月，此去经年，应是良辰美景虚设。"而到了潇洒飘逸、意气风发的苏轼那里，便又成为："但愿人长久，千里共婵娟。"同是一轮明月，在持不同心态的人眼里，便是不同的，人生也是如此。

上天不会给我们快乐，也不会给我们痛苦，它只会给我们生活的作料，至于会调出什么味道的人生，那只能在我们自己。你可以选择一个快乐的角度去看待它，也可以选择一个痛苦的角度，如同做饭一样，你可以做成苦的，也可以做成甜的。所以，你的生活是笑声不断，还是愁容满面，是披荆斩棘、勇往直前，还是缩手缩脚、停滞不前，这全不在他人，都在你自己！

## 逆境是锻造气场的一所好学校

有人说，一个人的气场强，他的能量就大，遇到困难也能轻易化解。事实上，困难就是困难，跟气场的大小强弱没有关系。所不同的是，气场弱的人把困难当成了灾难，想方设法地躲避它；气场强的人把困难当成机遇，迎难而上去解决它。

古希腊神话传说中有这样一个故事，很耐人寻味。

天神西绪弗斯因为在天庭犯了法，遭到宇宙之神宙斯的惩罚，被降到人世间来受苦。宙斯对他的惩罚是：推一块石头上山。每天，西绪弗斯都费很大的劲儿把那块石头推到山顶，然后当他回家休息时，石头又会自动地滚下来。于是，西绪弗斯又要把那块石头往山上推。这样，西绪弗斯不得不在永无止境的失败中，受苦受难。西绪弗斯每次推石头上山时，其他天神都打击他，告诉他不可能成功。但西绪弗斯不肯认命，一心想着推石头上山是他的责任，只要把石头推上山顶，责任就尽到了，至于石头是否会滚下来，那不是他的事。

所以，当西绪弗斯努力地推石头上山的时候，他心中显得非常平静，因为他安慰着自己：明天还有石头可推，明天还有希望。

宙斯对西绪弗斯无可奈何，最后只好让他回了天庭。

把困难当做机遇，把命运的折磨当做人生的考验，面对今天的苦楚寄希望于明天的甘甜，这样的人，任何困难也难不倒他。

人的一生绝不可能是一帆风顺的，既有成功的喜悦，也有无尽的烦恼；既有波澜不兴的坦途，也有布满荆棘的坎坷与险阻。当苦难的浪潮向我们袭来时，我们唯有与命运进行不懈的抗争，才有希望看见成功的曙光。

古人云："天将降大任于斯人也，必先苦其心志，劳其筋骨，饿其体肤，空乏其身，行拂乱其所为，所以动心忍性，曾益其所不能。"苦难是锻炼人的意志的最好的学校。与苦难搏击，它会激发你身上无穷的潜力，锻炼你的胆识，磨炼你的意志。也许，身处苦难之时你会倍感痛苦与无奈，但当你走过困苦之后，你会更加深刻地感受到：正是那份苦难给了你人格上的成熟，给了你面对一切无所畏惧的能力，以及与这种能力紧密相连的面对苦难的心态。

苦难，在不屈的人面前会化成一种礼物，这份珍贵的礼物会成为滋润你生命的甘泉，让你在人生的任何时刻，都不会轻易被击倒！

朋友，你一定见过瀑布吧！美丽的瀑布迈着勇敢的步伐，在悬崖峭壁前毫不退缩，因与山崖的碰撞造就了奇观。有谁能说，这不是生命的美丽呢？

## 顺其自然是最好的活法

人的气场很有意思。比如，你走在街上，远远看见两个同龄人向你走来，他们都穿着T恤衫和牛仔裤，只不过一个是学生，另一个是白领，让你去区分谁是学生谁是白领，相信八成以上的人都不会猜错。你不一定能说出个一二三来，但能感觉他们存在细微的差别，如果再和他们一交流，那就百分之百可以辨识出来了。两个人之间存在的这个差别就在于气场。

人长期处在一种气场之中会觉得很不舒服，都想脱离这种气场。例如，大学高年级的学生努力把自己包装得成熟、稳重，希望早日适应社会。女生学着化妆、穿高跟鞋，学习用一切可能的手段包装自己，而男生则用合身的西装、好的手表，学习在社交场合逢场作戏来包装自己。可在有社会经验的人来看，他们越是努力遮掩学生气场，越是显得稚嫩。直到他们步入职场以后，又想念起学生时代的日子，感觉岁月的流逝和职场的打磨让人觉得时间快得让人揪心，他们又穿起学生时代的服装，戴起了卡通表，一听到别人说

## 第4章 心态决定气场，内心强大的人气场也强大

自己看起来不到20岁就会很开心。可不管怎么改变自己的外表，气场是不会改变的，他们已经成了一个身不由己的职场人。

与其这样变来变去，为什么不试着顺其自然呢？

《淮南子》中的一个故事大家一定不会陌生：

有一位住在长城边的老翁养了一群马，其中有一匹马忽然不见了，家人都非常伤心，邻居们也都赶来安慰他，而他却无一点悲伤的情绪，反而对家人及邻居们说："你们怎么知道这不是件好事呢？"众人惊愕之中都认为老人是因失马而伤心过度在说胡话，便一笑了之。

可事隔不久，当大家渐渐淡忘了这件事时，老翁家丢失的那匹马竟然又自己回来了，而且还带回来了一匹漂亮的马，家人喜不自禁，邻居们惊奇之余又十分羡慕，都纷纷前来道贺。而老翁却无半点高兴之意，反而忧心忡忡地对众人说："唉，谁知道这会不会是件坏事呢？"大家听了都笑了起来，都以为是老头给乐疯了。

果然不出老翁所料，事过不久，老翁的儿子便在骑那匹马时摔断了腿。家人们都挺难过，邻居也前来看望，唯有老翁显得轻松自在而且还似乎有点得意之色，众人很是不解，问他何故，老翁笑着答道："这又怎么知道不是件好事呢？"众人都不解其意。

事过不久，战争爆发，所有的青壮年都被强行征集入伍，而战争相当残酷，前去当兵的乡亲，十有八九都在战争中送了命。老翁的儿子却因为腿跛而没能当兵，他因此幸免于难。

这个故事便是"塞翁失马，焉知非福"的故事。老翁的高明之处便在于明白"祸兮福所倚，福兮祸所伏"的道理，能够做到对任何事情都想得开、看得透，顺其自然，而顺其自然是一种很实用的处世哲学。

一只小毛虫趴在一片叶子上，用新奇的目光观察着周围的一切：各种昆虫欢歌曼舞，飞的飞，跑的跑，又是唱，又是跳，到处生机勃勃。只有它，可怜的小毛虫，被抛弃在一旁，既不会跑，也不会飞。

小毛虫费了九牛二虎之力，才能挪动一点点。当它笨拙地从一片叶子爬到另一片叶子上时，自己觉得就像是周游了整个世界。

尽管如此，它并不悲观失望，因为它懂得：各自都有各自该做的事情。它，一只小小的毛虫，应该学会吐纤细的银丝，为自己编织一间牢固的茧房。

小毛虫一刻也没有迟疑，尽心竭力地做着工作，最后把自己从头到脚裹进了温暖的茧子里。

"以后会怎么样？"与世隔绝的小毛虫问自己。

"一切都将按自己的规律发展。"小毛虫听到心底有一个声音在回答，"要耐心些，以后你会明白的。"

时辰到了，它清醒过来，但它已不再是以前那只笨手笨脚的小毛虫，它灵巧地从茧子里挣脱出来，惊奇地发现自己身上生出一对轻盈的翅膀，上面布满色彩斑斓的花纹。它高兴地舞动了一下双翅，感觉自己竟像一团绒毛，从叶子上飘然而起。它飞啊飞，渐渐地消失在蓝色的雾霭之中。

顺其自然，一切都将按自己的规律发展。做好自己应该做的事情，不悲观失望，不羡慕任何人，以一种平静的心态来对待自己的职业、自己的生活。这样最好不过了——既收获充实，又不失精彩。

顺其自然是最好的活法，不抱怨，不叹息，不堕落，胜不骄，败不馁，只管奋力前行，只管走属于自己的路。中国有句俗话叫做"谋事在人，成事在天"，而这种"成事在天"便是一种顺其自然。只要自己努力了，问心无愧便可以了，不奢望太多，也不会事事失望。

顺其自然当然不是让你随波逐流，而是弄明白自己的人生方向后踏实地朝着目标走下去，坚持正常的学习和生活，做自己应该做的事情。

顺其自然不是宿命论，而是在遵守自然规律的前提下积极探索；顺其自然不是不作为，而是有所为、有所不为。

人生如同一艘在大海中航行的帆船，偶遇风暴是无法避免的事，只有顺其自然，学会适应，才能战胜困难。在现实生活中，我们应该学会顺其自然，学会到什么山唱什么歌。

## 积极的心态吸引更多的能量

每个人的气场都会产生吸引力，积极的气场产生积极能量，吸引更多的积极能量；消极的气场产生消极能量，吸引更多的消极能量。

许多人每天总是等待事情发生，或等待他人来关心自己，但那些最终得到好机会的人都是积极主动的人。他们积极主动，按照正确的思路，需要做什么工作就做什么工作，主动把事情办成。

"积极主动"这个词的意思不仅仅是采取主动的行动，它还有更深一层的意思——作为人类，我们应对自己的生活负责。

积极主动是人的本性之一，虽然有时你的积极主动的精神可能处于沉睡状态，但是这种精神存在于每个人的心中。行事主动的人和缺乏主动的人之间的区别确实如同白昼和黑夜之别。

积极主动，还体现在爱他人、爱周围的世界。"爱"是个动词，消极被动的人将它只当成一种感情，积极主动的人却使"爱"成为一种行为。

在卡内基决定要投资钢铁行业时，脑海中便不时闪现这一欲望，并使之变成他生命的动力。接着他寻求一位朋友的合作，由于这位朋友被卡内基的执著所感动，便贡献出自己的力量。凭借这两个人的共同努力，他们又说服另外两个人加入他们的行列。这四个人最后成为卡内基王国的核心人物，他们组成了一个智囊团，他们四个人筹足了为达到目标所需要的资金，而最后他们每个人都成了巨富。

但这四个人成功的关键并不只是"辛勤工作"，你可能也会发现，有些人和你一样辛勤工作，甚至比你更努力，但却没有成功。

伟大的成就，源于对积极心态的了解和运用。无论你做什么事，你的心态都会给你一定的力量。抱着积极心态，意味着你的行为和思想有助于目标的达成；而抱着消极心态，则意味你的行为和思想不断地抵消你所付出的努力。

有一种办法能让我们更好地意识到自己是否积极主动，那就是看看我们把自己的时间和精力集中在何处。我们每个人的内心都有许多担心，担心我们的健康、爱情、孩子、工作中的问题、国家的债务、核战争。我们可以以此创立一个"担心圈"。

在我们查看自己的"担心圈"里的那些事情时，有些事情显然是我们无法控制的，而另一些事情，我们能够做些工作。我们可以找出后一部分事情中的那些担心，把它们划在较小的"影响圈"内。

积极主动的人把他们的努力集中于"影响圈"。他们在自己能做到的事情上努力，他们充满了积极的能量，并逐渐扩大和放大，致使他们的"影响圈"增大。另外，消极被动的人把他们的努力集中在"担心圈"，他们把注意力集中于别人的缺点、周围环境中的问题和他们不能控制的境况上，由此导致他们采取责怪和指责的态度，说出消极被动的语言，产生受骗受害的情绪。

一般来讲，我们遇到的问题不超出以下三个领域。

（1）能直接控制的（涉及我们自己的行为的问题）。

（2）能间接控制的（涉及别人的行为的问题）。

（3）不能控制的（我们无能为力的问题，如我们的过去或由环境决定的现实）。

积极主动的做法是，先在我们目前的"影响圈"内解决所有这三种问题。能直接控制的问题可以通过改变我们的习惯来解决，它们显然在我们的"影响圈"内。

在每天的日常生活和工作中，我们应发挥自己积极主动的精神力，去处理那些生活压力。比如，作出承诺并信守承诺，冷静地处理交通堵塞，有礼貌地对待一个发火的顾客或生气的朋友。

你可以在一段时期内坚持积极主动地去完成任务，就是试一试，看看会发生什么情况，作出小小的承诺并信守这些承诺，去尽力解决问题，而不是让自己成为问题的一部分。

在你的婚姻、你的家庭、你的工作中试一试，不要为别人的缺点争辩，不要为你自己争辩。在你犯错以后，立即承认错误，改正错误，并从中吸取教训。不要染上怪罪别人、指责别人的习气。在你能控制的事情上作出努力，多在自己身上下工夫。

不用谴责的眼光而是用同情的眼光去看待别人的缺点。问题不在于别人没有干什么事或别人应该干什么事，而在于你自己选择对碰到的情况作出什么反应，你应该干些什么。

日复一日地行使其基本自由的权利的人会逐渐地扩大自己的自由，不行使其基本自由的权利的人会发现那种自由在逐渐消失，直到他们实际上"被动地过日子"——按照父母、同事和团体的旨意行事。

我们对自己取得的效果负有责任，对我们自己的幸福负有责任，对我们的大部分环境负有责任。

一个对生活怀有责任心的人不会不积极主动起来的。

## 气场强的人才能主宰自己

能够主宰自己的人通常都是意志坚定的人。意志练就了人，而它又控制着人，在很大程度上决定着人的气场的大小、强弱、正负。如果缺乏意志力，即使一个人上通天文、下知地理，这对他的事业恐怕也无济于事。他会轻易地被打败，在十字路口迷失方向，在最需要坚持的时候放弃前进。要做自己的主宰，就要增强自己的意志力，这样我们不仅能够提升气场，还可以获得人生的财富，拥有生活的幸福。

你已经认识了你自己，深刻地了解了你自己，你就应该喜欢你自己，接纳自己的一切，进而将自己最好的一面呈现出来。你就是你，世上不会有第二个你。只要你坦然地说："我就是这样的人。"这就够好了。然后掌握好自己，发挥好自己，做自己的主人。

"做自己的主宰！"这是一个新趋势。在西方社会，做自己的主宰已经是至高无上的价值观。

许多人会主动改善自己所处的环境，却没有想到要完善自我，于是他们的环境仍然没有改变。那些勇于接受命运考验的人，总是做自己思想和行动的主宰，从而实现自己心中的目标，这个道理放之四海而皆准。正像歌德所说："谁要游戏人生，他就一事无成，谁不能主宰自己，永远是一个奴隶。"

生活中有的人却不能主宰自己。有的人把自己交付给了金钱，成了金钱的奴隶；有的人为了权力，成了权力的俘虏；有的人经不住生活中各种挫折与困难的考验，把自己交给了别人。

做自己的主人，就不能成为金钱的奴隶，不能成为权力的俘虏。要不失自我，在各种诱惑面前保持自己的本色，否则便会丢失自己。过于热衷于追求外物者，最终可能会如愿以偿，但却会把最重要的一样东西给丢了，那就是自己。

我们有权利决定在生活中该做什么，不需要由别人来代作决定，更不能让别人来左右我们的意志，把自己变成傀儡。其实，只有自己最了解自己，别人并不见得比自己高明多少，也不会比自己更了解自身实力，只有自己的决定才是最好的。从现在起，做自己的主人，不要让别人控制了你。

达尔文当年决定弃医从文时，遭到父亲的严厉斥责，说他整天只知道打猎捉耗子，不务正业。他在自传上写道："所有的老师和长辈都说我资质平庸，我与聪明是沾不上边的。"然而，就是这样一个不务正业、与聪明不沾边的人，却成了生物进化论的创始者。

我们应该做命运的主人，不能任由命运摆布自己。当我们在生活中不可避免地遇到挫折、困难和病痛时，如果被这些生活的绊脚石所控制，使自己的日子只有痛苦，没有快乐，那便丧失了自我。真正的命运的主人，是能够战胜一切困难的，是不会向命运屈服的。像达芬·奇、莫扎特、梵·高等人，他们都是我们的榜样，他们生前都没有受到命运的公平待遇，但他们没有屈服于命运，没有向命运低头，他们向命运发出了挑战，最终战胜了它，成了自己的主人，成了命运的主宰。

挪威大剧作家易卜生有句名言："人的第一天职是什么？答案很简单：做自己。"是的，做人要先做自己，要先认清自己，把握自己的命运，实现自己的人生价值，只有这样，才真正算是自己的主人。

做自己的主人吧！

# 第5章
## 腹有诗书气自华，做人有涵养，气场才优雅

艺术气质是一种超越现实的审美态度。在现实生活中，大多数人的生活态度是功利实用性的，而具有艺术感觉的人，却可以超越那些现实的功利，完全用审美的眼光来看待事物，对事物的内在精神、力量等进行审美，激发起内心的愉悦和情感的颤动。一个充满艺术气质的人最热衷的，就是对生活进行创造性的革新和富有想象力的探索。具有艺术气质的人不仅能深刻地体验自己的人生，还能通过艺术体验其他人的感受，他们的生活是充实的，情感是丰富的。

## 腹有诗书气自华——气场新鲜能量

东山魁夷写道:"我心中有一条路,这条路既不是明朗的骄阳普照的路,也不是笼罩着凄迷的暗淡阴影的路,而是一条在清晨微明中,平静安详地呼吸着的、坦荡的、自由自在的路。"在静谧中,你的心灵是否被悄悄地触动?回顾自己的人生,你的人生之路是否洋溢着淡淡的书香?

塞缪尔·斯迈尔斯说:"人如其所读(Man is what he read)。"读书的过程,就是再造生命的过程,你读什么样的书,反映出你是什么样的人。那么,仔细回想一下,你曾读过什么?沉浸于什么样的书籍?这些读物,符合你做人的愿望吗?是否你的愿望,就是凭借读物而生发?而今后,展读之际该作怎样的选择?要知道,那可是要过什么样的生活的选择!

### 1.阅读是奢侈的

很多人在上学时在书店看得多,买得少。而工作后,常常买得多,看得少。买了新书,只有很少一部分能够从头到尾地看完,大部分只是翻翻,看个大概。一则忙没时间,二则忙没精力,三则忙没心情,四则忙没有读书的效率。久而久之,读书成了件奢侈的事。现在的职场很流行"人生规划",人们从学生时代开始就在规划自己的职业生涯,所有的时间和精力几乎都用在与规划职业生涯有关的专业范畴中,在这方面,他们很懂得如何有效地利用时间。因此大多数工作中的青年人,大部分时间当然是用来读书的,但绝不是小说之类的"闲书",而全部是跟所做的工作有关的书,用他们的话说是"学习的书、专业的书"。"工作都忙不过来,哪有时间看闲书。"他们说。他们中爱读书的一些人,转而去看《万象》这类关于读书的杂志。《万象》书如其名,包罗万象,关于阅读所能得到的,这里基本都可以给你提供。从王尔德的同性恋到梁朝伟的吸引力,从徐志摩的婚变到对简·奥斯汀的探谜,从董桥的书房夜话到林行止的伦敦做鞋记……可以从中掌握足够多的关于书、作者和历史人物的谈资,可以从作者的"书房读景"中享受一下读书的乐趣,还可以得到一些对大众事物不那么大众的看法和感悟,掌握读书的第一手资料。虽说也只是笼统一看,但也聊胜于无吧。

**2.阅读应该成为人生的一部分**

书籍是人类的营养品。选择了什么样的"文字食物",就决定了你有可能具备什么样的精神品质。阅读,不仅是一种"知识哺乳"的过程,也是一种锻炼思维的运动,是智力体操、神经按摩,更是心灵的抚慰。阅读的意义在于,它在超越世俗生活的层面上,建立起精神生活的世界。一个人的阅读史,即是他的心灵发育史。每个人都是阅读的主人。阅读仅仅是为了活着,快乐地活着,有灵魂地活着,高质量地活着,成为一个真正意义上的活着的人。阅读使文字具有了永恒的价值,它比图像更空灵,比记忆更清晰,比冥想更深邃。它让你站在巨人的肩膀之上,让你凌驾于伟人的思考之上。阅读是人社会化的重要途径,它把自然人转化为社会人。我们所认识的世界、人生、社会,很多源于阅读。阅读与人生同步,却可以与时间逆行,揭晓迷离的过去,抵达遥远的未来。它可以开启无数个维度空间,让思想纵横,通向伟大的心灵。阅读是幸福的发祥地,缜密的逻辑,深奥的思想,崇高的境界,伟大的灵魂,都环拥着阅读者。你可以视通四海,思接千古,与智者交谈,与伟人对话。做一个读书人,就是做一个幸福的人。

**3.理性思维能力**

理性地认识大自然,就形成人类的自然科学;理性地认识社会,就形成人类的社会科学。自然科学和社会科学能够在自己的历史发展水平上,以理性的方式为人类论证和解释大自然与社会的各种现象,论证和解释人们关心的一系列现实问题,并以自然现象的确定的表现形式和人类社会实践的确定结果,证明或者检验这些论证和解释的合理性。具有较高的人文科学修养的人,以及那些在新格局下对自己的处境有信心的人,处于强势发展潮流中的人，一般选择这种路向；而一些人文素质较低的人，或者对新格局缺乏理性思维认知力的人，或者在新格局中处境逆变的人和突然遭遇困难的人，或者缺乏社会关怀和社会理解力的人，他们在新格局中缺乏自己给自己定位的能力，缺乏驾驭新格局的能力，缺乏以理性的方式理解自然和社会的变化的能力，或者不相信这种理解的合理性，他们在人生观、世界观和价值观上产生了对人文理性的动摇或者迷茫，为应对、确保、伸张自己在新格局中的生存处境和原有自我意识的合法性，往往会选择以迷信神鬼巫术的方式来为自己寻找想象中的虚幻的慰藉，甚至以假当真，以为想象的虚幻可以解决实际的问题、摆脱实际的困境。这显然是不可能的。

**4.读书计划**

我国汉代文学家刘向说："书犹药也，善读之可以医愚。"要拥有智慧知性的书香气质，最好的办法就是养成阅读好书的习惯，让自己在这样一个喧嚣的世界里，拥有一颗宁静的心。美国前总统富兰克林·德拉诺·罗斯福的夫人曾说："我们必须让我们的青年人养成一种能够阅读好书的习惯，这种习惯是一种宝物，值得双手捧着，看着它，别把它丢掉。"如果你每天阅读15分钟，这意味着你将1周读半本书，1个月读两本书，1年读大约20本书，一生读1000或超过1000本书。这是一个简单易行的博览群书的办法。找出自己每天的15分钟，最好是每天的固定时间，这样所有其他的空闲时间就都是额外收获了。我们唯一需要的是读书的决心，有了决心，不管多忙，你一定能找到这15分钟。这15分钟里的每一秒都不应该浪费，事先把要读的书准备好，穿衣服的时候就把书放在口袋里，床上放上一本书，卫生间放上一本书，饭桌旁边也放上一本，书架上，书桌上，永远不能让书本缺席。当你心生烦恼或忧愁或觉得形单影只，或觉得委屈、沮丧，有怨恨情绪时，请把与你心境有关的书抽出来阅读。刚开始拟订自己的读书计划时，忌"偏食"，不能只读今人书，不读古人书；也不能只读母语书，不读外语书；还不能只读自己感兴趣的一类书，不读其他自己兴趣不大的书。要让自己的所思所想具有世界眼光和历史意识,就必须充实、平衡自己的知识结构,让它不偏不倚,而民国时期的学人、学者已经给我们作出了榜样,如严复、辜鸿铭、梁启超、鲁迅、陈寅恪等,无不博古通今,学贯中西。只有这样才能得到具有永恒价值的文化财富,让自己拥有散发着智慧芳香的理性气质。

### 5.怎样读书

有人曾总结过,读书大概有三个层次、三种境界。第一个层次,或者说读书的第一重境界,就是见书就读,什么书都读。学生时代往往如此,这样也有利于扩大视野、博古通今。比如四大名著,当代文学杂志,或西方大师级作家的作品,像莎士比亚、歌德、福克纳、海明威、博尔赫斯等,从类别上所有人文类图书——历史、哲学、人类学、心理学书籍都可以阅读。读书的第二个层次,就是读一部分你特别喜欢的作家的作品。到这个阶段,你会发现,你越来越喜欢一小部分作家,甚至是一些作家的小部分作品,这时你就可以缩小范围了。你明白了,你的兴趣和兴奋点在哪些作家身上,也许他们只有十几个人,但是,你应该读他们的全集和文集,甚至还该读有关他们的传记、研究资料和他所处时代的其他背景资料。这样,你会把这些作家吃透,你会明白,他们在他们的时代里到底是如何思考、写作和生活的,你也就明白了,从人到文,你为什么喜欢这些作家和作品,为什么会缩小到这一小部分人。然后是读书的第三个层次,这是最高境界了。那就是,只读一本或几本你最最喜欢的书,或者反复阅读你喜欢的一两个作家的书,然后精心研究他的作品。这个境界是很难达到的。部分人在读书的第一重境界之后,就不再怎么深入了;第二重境界,很多人也达到了,他们在阅读小范围的真正感兴趣的作家的作品之后,也许会变成和那些杰出的作家一样的人;而第三种境界,很少有人达到。因为这种境界需要你去确定阅读一本书的时候,这多少变得有些困难了,因为你很难确定最喜欢的是哪一本书,它到底在哪里?人类文化是一个金字塔,人类的精神现象是有高度的,一旦你攀缘到了一定的高度,那么这之下的很多东西,就不用理会了。比如,很多书,只需要读它开头的几句话,再随便翻一翻它,就知道这本书处在什么样的精神和创新层次,因而读书应该加倍地将目光投向那些被时间淘洗后,剩下的少数的东西。这样读下来,书香气质也就不期而至了。

### 6.读书笔记

读书须做笔记,钱钟书先生开始并不以为然。钱钟书在清华,"宋以后集部殆无不过目",毕业后到上海光华大学任教时,在备课、写文章的实践中,方认识到读书单凭记忆是不行的,遂开始读书必做笔记,并养成了良好的习惯。钱钟书的读书笔记本很厚,有普通练习本的四倍,上面写得密密麻麻,有中文,也有英文,别人很难看懂。他每读一书,都做笔记,摘出精华,指出谬误,写下心得。他很珍视自己的读书笔记,"文革"期间,他曾被下放到河南"五七"干校劳动,行李箱里也忘不了放上几本字典、词典和读书笔记,一有空便反刍似的阅读。他著书时,主要是参考读书笔记。诸如《宋诗纪事》、《宋诗钞补》、《宋诗钞续补》及各种宋人笔记、诗话、文集、方志等,在阅读时做了大量笔记,纠正了前人的错误,遂将一本普及读物编写成了学术价值甚高的宋诗选本。《管锥编》这部洋洋百万言的学术巨著,主要资料来源就是钱钟书写下的五大麻袋读书笔记,这些素材是他多年读书心血的积累,整理成书稿又费时3年,自然还是用札记形式。1979年此书一出版,便轰动了学术界,此后再版,成了学者们书架上的必备书。俗话说,"好脑子不如烂笔头",此言不差。熟悉钱钟书的学者都认为,他的记忆力着实惊人,几十年前读过的东西还能记住,在现代中国学者中,除了史学大师陈寅恪外,可能没有第二人能与他相比,外国学者说他的记忆是"照相机式"的记忆。即便如此,钱钟书仍然要做读书笔记,读书笔记是钱钟书攀上学术高峰的重要阶梯。

钱先生尚且如此,对记忆力一般的人来说,读书做笔记就更为必要了。

## 一脉书香浸润气场大世界

"书香"从何而来？许多人不太清楚。从前古人为防止蠹虫咬噬书籍，便在书中放置一种芸香草。芸香草亦称芸草，产于我国西部，这种草有一种特别的清香之气，夹有这种草的书籍打开之后清香袭人，故而称为"书香"。一个具有书香气质的人，其身上也仿佛散发出淡淡清香。说到书香气质，当然离不开书。人的气质文雅卑俗、清明混浊往往与读书多少紧密相关。莎士比亚说："书籍是全世界的营养品。"海伦·凯勒说："一本书像一艘船，带领我们从狭隘的地方，驶向生活的无限广阔的海洋。"高尔基说："我爱书，每一本书都为我打开了一扇面向新世界的窗户。"书对人生有非常重要的意义，如读书能增长知识、陶冶情操、提高品位等。更为重要的是，在书的背后有着另一个绚丽的、安宁、博大的世界。在那里，鲜花盛开，云蒸霞蔚，人们仿佛得到了重生。腹有诗书气自华，那些装腔作势、附庸风雅的人往往因形式大于内容，气质也就趋于浮躁。读书人的感性、直觉造就的是理性的深刻思想，这种体验是令人神往的精神追求。因此，书香气质往往是以沉静的理性气质为基础的。其实不只是书，自然界里的诸多现象一旦经由人的心灵感悟和深切思考，都会充满思辨之美、统一和谐之美，散发着浓厚的人文和哲理的气息，对人生具有启迪性，对个人气质也具有陶冶性。一花一世界，书香气质的神韵，往往只可意会不可言传。

### 1.知性气质

知性气质洋溢着一种理性的智慧的光辉，不是直觉的感性，而是知性的警醒。不是取象传情，而是理蕴涵示。知性并不意味着没有强烈的情绪，而是说与理性色彩极浓的冷静观察相比，情绪不再张扬，而显得有节制，情感也不那么奔放，而显得聚敛。这种理性气质，在钱钟书的作品中处处可见。

钱钟书摒弃那种温和的取笑，代之以对人性弱点和人性困境的探察，对文化人格作出极其深刻的心理审视和道德批判，从而呈现出与传统忧患意识常有的那种沉郁缠绵格调迥然不同的气质：觉醒和警悟。钱钟书先生被誉为"文化昆仑"。在他的著作中，我们比较熟悉的是长篇小说《围城》和短篇小说集《人·兽·鬼》。他的散文大都收入在《写在人生边上》一书中。他的学术著作如《谈艺录》、《管锥编》、《宋诗选注》等，援引的参考书目数以万计，且涵盖了文、史、哲、心理学等多门学科。钱钟书先生出生在一个书香世家，从小就接受经史子集的熏陶，在青年时期，他便成了一个出色的旧体诗诗人。同时，他非常重视西方思想家的著作，尽管他并不一定赞同这些思想家的思想体系，却非常重视他们的某些具体论断。因此，他的作品具有强烈的现代色彩。他对文化、人生、人性的文学思考是那么真挚，使得文学再也不是那种有感伤色彩的哀怨掩抑，悲慨兴怀，而是一种以人类学、哲学为本体的现代忧患意识。这一点，钱钟书与鲁迅惊人地相似。在对生命存在的文化哲学反思上，鲁迅和钱钟书都以坚劲的否定性力量透视以恶为形式的人性的弱点，不过，两人的侧重有所不同，鲁迅着眼于它的阶级性和族类性，而钱钟书则侧重于它的人类性。如果说鲁迅是一个坚强的斗士，于人生深处呐喊以醒世，那么钱钟书则是一位睿智的学者，炽卷于人生边上欣然独笑以醒世。这是真正觉醒者的冷笑，冷峻而尖刻，炽热而深沉。钱钟书明确地说他最终的兴趣不在于他自己归属的知识阶层这一小类，也不在于中国的族类，而是整个两足无毛、圆颅方趾的人类。钱钟书执著地追求一种类性相通的精神境界。与大多数中国当代先锋作家相比，钱钟书受过西方理性主义的深刻洗礼，他的气质就和他的作品一样，透露出极其强烈的理性精神，达到"无痕有味"的境界。

并非只有学术界才具有书香气质，在人们印象中，集唱、演、导于一身的张艾嘉身上也带着一种典型的知性女子的气质。她温文尔雅、才华横溢却又不失个性，可以称得上是德艺双馨的代言人。美国《时代》杂志曾以三页篇幅推介她。出生于台湾的张艾嘉16岁涉足影视圈，从影三十多年来主演过近百部电影。20世纪80年代后，张艾嘉减少了台前演出，醉心于幕后工作，所执导的电影得到行内人肯定，其中的《少女小渔》、《今天不回家》荣获多个电影奖项。

看张艾嘉的戏，总是感觉无比过瘾，这个知性女人已被时光打磨得异常圆润和干练，岁月的沉淀悄悄堆积成诱人的魅力，大有厚积薄发之势。戏外的生活延伸到戏内，流淌的尽是张扬和自信，一举手、一投足、一回眸，都是属于女人独有的精彩。

**2.含蓄的气质**

含蓄的气质包括一种寓意性、象征性和哲理性，使人感到神韵无穷，具有发人深省的美感和力量。朱光潜先生韬光养晦，洁身自好，不喜张扬。他的一丝不苟，反映了其治学的严谨，为人的低调。他强调勤奋和努力，他说有些人天资颇高而成就平凡，他们就如同有大本钱而没有作出大生意的生意人，也有些人天资并不特别高而成就斐然可观，他们就好比拿小本钱而做大生意的生意人。这中间的差别就在于努力与不努力了。

散文家朱自清的作品风格朴实、自然、洒脱，看似寡淡实则丰腴，表面软塌塌、实则硬朗。这样的气质迥然不同于鲁迅的剑拔弩张，郭沫若的豪荡爽利。孙伏园说朱自清："他从来不用猛烈刺激的言辞，也从来没有感情冲动的语调，虽然那时我们都在二十左右的年龄。"朱先生的气质如他笔下的"春雨"，如同细细的牛毛，刺得我们的肌肤痒痒的、酥酥的，无声无息地在心上留下经久不灭的印痕。

"惊蛰一过，春寒加剧。先是料料峭峭，继而雨季开始，时而淋淋漓漓，时而淅淅沥沥，天潮潮地湿湿，即连在梦里，也似乎把伞撑着。而就凭一把伞，躲过一阵潇潇的冷雨，也躲不过整个雨季。连思想也都是潮润润的"——《听听那冷雨》，余光中这段文字可谓字字珠玑、步步生莲。当使用最少的文字传达给读者最大限度的美感含量之时，这种美，应是多层次多方位的，不仅限于感情的美和表意的美，还应有语言密度、弹性和节奏的圆融浑成。这段美文给人的美感愉悦是多方位而且是深层次的，如同含蓄的气质，将情感完全浸透在眉里眼间，那恰到好处的距离美，那优美而鲜活的意象都因情而生态。含蓄的书香气质之所以让人感动，因之不是棒喝的顿悟，而是修习的渐悟。含蓄的气质充溢着饱满的才华，如同针灸师手中的一根细针，在你不经意间，猛一下针尖就穿透了你敏感的皮肤，进入了你的肌肉，其感受慢慢地蔓延到你的神经、精神。

**3. 灵锐气质**

说到灵锐的气质，就想起张爱玲译的《爱默生选集》，她在译者序中说："他（爱默生）并不希望有信徒，因为他的目的并非领导人们走向他，而是领导人们走向他们自己，发现他们自己。每个人都是伟大的，每一个人都应当有自己的思想。"独立的思想，怀疑的精神，精致的感情，敏锐的才情，概括了灵锐气质的内涵。张爱玲就是最典型的代表。称她是中国文学史上的一个"异数"当不为过。文字在她的笔下，灵锐而有生命。张爱玲是世俗的，但是世俗得如此精致以至于几乎别无第二人可以相比。

张爱玲最有名的一本集子当数《传奇》，此两字用来形容张爱玲的一生是最恰当不过了。张爱玲有显赫的家世，不快乐的童年，婚姻也是一个大的不幸。文坛成名后却远走他乡，她在美国深居简出，过着与世隔绝的生活，最后孤独地离开人世。以至于有人说："只有张爱玲才可以同时承受灿烂夺目的喧闹与极度的孤寂。"就文字的技巧而言，她在这个领域，可以说是炉火纯青了。语言的精当，感觉的准确和细腻，结构的天衣无缝，意境的凄迷哀婉，使后继者难以步其后尘。而精致聪明的叙述与阅尽人生悲凉的情怀的糅合，创造了过目难忘的艺术效果。

张爱玲是个思想独立的人。她既不信中国文明的教条，也不信西洋文明的教条。她是个怀疑论者，但她不是虚无主义者。她是轻松地跳出所有的圈子，从极高的高处来看问题的。她尽兴享受着尘世的繁华，把日子过得有滋有味，对周围的人与事，她总是站在一旁，"阴阴的，不怀好意的一笑"。读张爱玲的作品，如果只见其怨，那是糟蹋了她。跟着她一起笑的人，才算懂得她。她是真的敢于"直面惨淡的人生，正视淋漓的鲜血"。在张爱玲的脸上总有一抹疲倦、玩世的微笑，显露出她敏锐的怀疑。

### 4.洒脱气质

洒脱的气质是行者无疆的气质，余秋雨说行者无疆就是行者独步于遥远的旷野，遭遇种种难题，只因为心中执著的信任，敢于把世界上任何一片土地放在脚下，走出一望无垠的疆土。余秋雨所著的散文集《千年一叹》、《山居笔记》、《行者无疆》、《霜冷长河》、《文化苦旅》具有很高的知名度，而且非常畅销。其中《文化苦旅》先后获上海市文学艺术优秀成果奖、台湾《联合报》"读书人"最佳书奖、金石堂最具影响力书奖、上海市出版一等奖等。他在1983年出版的《戏剧理论史稿》，是中国大陆首部完整阐释世界各国自远古到现代的文化发展和戏剧思想的史论著作，在出版后次年，即获全国首届戏剧理论著作奖，十年后获文化部全国优秀教材一等奖，其学术成就可见一二。

## 让气场变得高雅的艺术

除了读书之外，让气场变得高雅的艺术还有很多。

### 1.琴棋书画

琴棋书画，人生四韵，蕴涵着魅人的东方情韵，犹如一缕淡淡的幽香，让人充分领略到中国传统文化的风韵雅致，也是培养书香气质不可缺少的瑰宝。

（1）琴。音乐的魅力。琴棋书画，琴居其首。琴心剑胆，柔情侠骨，

## 第5章 腹有诗书气自华，做人有涵养，气场才优雅

这是最美的境界！这种境界应该指的就是音乐的魅力吧！喜欢欣赏高亢的音乐，就多听些民族乐曲，感受一下："天似穹庐，笼盖四野，天苍苍，野茫茫，风吹草低见牛羊。"那种意境，就像腾格尔唱的歌曲《天堂》，苍劲有力，粗犷豪迈。如果你喜欢关于大海的音乐，那你就欣赏那种充满沁人心脾的波涛澎湃声和海鸟鸣叫声的乐曲吧，如德彪西的《大海》。如果喜欢那种壮观的音乐，就多欣赏古典交响乐，如《第九交响曲》、《第一钢琴协奏曲》、《意大利随想曲》、《睡美人》。如果你喜欢那种清脆的音乐，就去听钢琴曲，如《月光奏鸣曲》、《天鹅》、《费加罗的婚礼》。如果你喜欢那种欢快的音乐，就去欣赏简单的时尚的曲子。有时你也可以自己演奏，买一种自己喜欢的乐器，小提琴、古筝、琵琶、二胡、吉他、笛子，哪怕是一只口琴，把自己的心情散发到音乐当中去。

（2）棋。"天地日月小，棋中乾坤大。"一提到棋，总是让人感觉到它是那样的古老，特别是那落棋之音，清脆得像珍珠掉落玉盘，厚重得像铁锤掷地，不免神秘。

有一则故事写得好，话说一群棋痴，专在皓月当空下，坐在船上对弈。有一天晚上，同往常一样，很多人欣然前往。结果由于人多，船上连站的地方都没有了，于是多余的人不得不惋惜地折了回去。而船上的人在搏杀着，时至天明，忽然听到有人在水中号啕大哭："可惜，可惜！好好的一盘棋竟给输了！"棋下输了没有什么奇怪的，输赢乃棋家常事，你猜怎么着，别人在船上下一夜棋，而这人则站在水中看了一夜棋，真奇！眼睛紧盯棋盘，一副忘我情景，让人不可思议。

人的智慧通过下棋可提升到一定高度。不是有人说"棋风如其人"吗？那种性格稳重的人，下棋也是不紧不慢，步步为营；而那些性格浮躁的人，则不假思索，一股脑儿地把对方直往死里逼，到了最后却很容易败下阵来。为人谦虚，每一步都谦让，而为人好胜，棋风也就只善攻不善守，棋风就如其人也。"走，一步，莫回顾，漫漫长路，弈人情深处，迷倒棋痴无数……

风萧萧昏鸦老树,谁敲晨钟暮鼓,月下饮天露,弈棋作赋,阑珊处,方始,悟。"(摘自紫夫子游《玫瑰女人》)最后一个"悟"字,就道出棋能修身养性。懂得下棋规则的人只要懂得这些战术,自然地就能悟出一番道理来;下棋要静下心来。心无杂念,慢慢体会,自然而然地内心也就丰富起来,平添无穷的魅力。

(3)书。书法也是一种艺术,古人把书法当做陶冶情操、修身养性的艺术。无论是字画,还是文房四宝(笔、墨、纸、砚),都讲究其艺术的精巧,它们也显示出一种品位和修养。中国的书法有几千年的历史,西汉以前,人们用树枝、刀把字刻在龟骨上、竹简上,一条一条的,实在是辛苦,也许正是辛苦,如今看起来才显得那样的苍劲有力、奇趣丛生,字也就显得有气度。

篆书是有小篆和大篆之分。唐代篆书,以李阳冰最为著名,其代表作《三坟记》笔画婉转,尚存籀意,简单瘦硬,锋棱峭利,结构方正匀称。隶书起源于秦朝,又名左书、史书。早期隶书,字形构造保留篆书形迹较多。后来打破了"六书"传统,奠定了楷书基础,标志着汉字演进史上的一个转折点。楷书又叫正书、真书,形体方正,笔画平直。楷书盛行在唐朝,当时的颜真卿、柳公权两人享有盛名。行书是介于楷书和草书之间的书体,它既没有楷体那样严谨,也没有草书那样狂放豪迈。

晋代王羲之的《兰亭序》、王献之的《洛神赋》是行书,也是中国书法史上的两座高峰,前者气骨雄骏、风神跌宕,后者笔墨洗练、秀逸潇洒。草书的"草"字,有草创、草稿的意思,这种字体又分"章草"和"今草"两种。草书体势连绵,笔意奔放,"上下牵连或借上字之终,而为下字之始"最能体现草书的艺术特点,书法史上"颠张醉素",指的就是草书大家张旭和怀素。

书法作品除了注重字的点画之外,还有就是书法作品的结构章法。有的人喜欢用横幅,从右到左,挥毫泼墨,有的收敛,有的伸长,却又在情理当中。而有的人喜欢条幅,从上到下,飞流直下,看似弱柳扶风,实则柔韧有力。欣赏书法作品除了观摩章法之外,还有其表现的风格、性情。有的书法作品呈现出中规中矩、温文敦厚的意蕴，想必书法家书写时，宁静平和，心如止水。而有的书法作品，气势犹如大海之汹涌，黄河之奔腾，这种作品书法家书写时应是满腔豪情。

（4）画。

一次，唐伯虎给妻子画了一幅《美女嬉鱼图》。只见那画中的美女，半倚假山石，把花撒入池中，逗引池鱼作嬉。她云鬓高耸、粉面低垂，真是画得亭亭玉立、婀娜多姿，尤其是那种少妇独特的娇媚俏丽的神态，活现纸上。后来据说在清朝乾隆年间，有个读书公子，从一家败落乡绅的子孙手里买到了这幅画。见画后，他每日如醉如痴，越看越爱，越爱越迷。心里想道：这位美人背影这么动人，正面更不知又何等标致！从此茶不思、饭不想，口口声声念着："美人儿，你怎么不回过脸儿来？"人家说，唐伯虎的画是活的，一张背影图还害得后世人生了一场相思病哩。

欣赏国画应从构图、线条、神态、气势、用墨轻重等方面来欣赏，比如北宋范宽的《溪山行旅图轴》，此画采高远法，图大景宽，气势逼人，层次丰富，墨色凝重、浑厚，是一件有深远影响的不朽杰作。中国画的名作多，流派也不少，我们可先了解有代表性的珍品，例如，唐朝：阎立本《历代帝王图》，吴道子《送子天王图》，张萱《捣练图》，李思训《江帆楼阁图》；宋朝：张择端《清明上河图》；元朝：吴镇《秋江渔隐图》，王蒙《葛稚川移居图》；明朝：沈周《庐山高图》，仇英《桃源仙境图》，唐寅《孟蜀宫妓图》，吕纪《三思图》；清朝：胡湄《鹦鹉戏蝶图》，焦秉贞《仕女图》，梅清《高山流水图》；近代：张大千《美人图》，徐悲鸿《奔马》，齐白石《虾》，蒋兆和《流民图》。懂得欣赏画的人，不一定有出众的外表，但都有绝对的魅力，这种魅力产生于那种行云流水般的神态，产生于古朴典雅的美感。

把绘画的艺术融入到自己的衣着和谈吐中，华贵又不失典雅，这样的气质是那么的迷人，其笑容让人遐思不已，把心灵的美表现得淋漓尽致。

其实，我们看到的国画，往往是字中有画，画中有字，也就是说，书法往往和国画是分不开的。

### 2.笔墨纸砚

笔墨纸砚，文房四宝，已经离我们很遥远了。明代屠隆在《文具雅编》中记述了四十多种文房用品，通常较为常见的有：笔掭，臂搁，诗筒，笔架，笔筒，笔洗，墨床，墨匣，镇纸，水注，砚滴，砚匣，印章，印盒。可见，古人一旦要动笔需要多么复杂而精细的手续，又是多么郑重其事。一提笔，全身心地投入，情感、才华、思想、智慧、精神都融入其中，合而为一了。

（1）笔。在林林总总的笔类制品中，毛笔可算是中国独有的品类了。传统的毛笔不但是古人必备的文房用具，而且在表达中华书法、绘画的特殊韵味上具有与众不同的魅力。古笔的品种较多，从笔毫的原料上来分，就曾有兔毛、白羊毛、青羊毛、黄羊毛、羊须、马毛、鹿毛、麝毛、獾毛、狸毛、貂鼠毛、鼠须、鼠尾、虎毛、狼尾、狐毛、獭毛、猩猩毛、鹅毛、鸭毛、鸡毛、雉毛、猪毛、胎发、人须、茅草等。从性能上分，则有硬毫、软毫、兼毫。从笔管的质地来分，又有水竹、鸡毛竹、斑竹、棕竹、紫檀木、鸡翅木、檀香木、楠木、花梨木、沉香木、雕漆、绿沉漆、螺钿、象牙、犀角、牛角、麟角、玳瑁、玉、水晶、琉璃、金、银、瓷等，不少属珍贵的材料。

古人写字是需费一番思索的，什么笔配什么纸都很有讲究，比如健毫笔可任意配纸。"墨须浓，笔需健，以健笔用浓墨，斯作字有力而气韵浮动。"而淡墨柔笔并非书人特好之配合，但是别具特色，富有姿媚之韵，王文治善于淡墨柔毫，世称之"淡墨探花"，也是极为适合的。清代书法家如张照、梁同书、王文治皆善以羊毫笔书写于笺纸或绢上，风格姿媚丰腴、温润含蓄，另创一格。

（2）墨。墨的世界不仅不乏味，而且内涵丰富。史前的彩陶纹饰、商周的甲骨文、竹木简牍、缣帛书画等，到处留下了原始用墨的痕迹。至汉代，终于开始出现了人工墨品。这种墨原料取自松烟，最初是用手捏合而成，后来用模制，墨质坚实。墨分"油烟"和"松烟"两种，油烟墨用桐油或添烧烟加工制成，松烟墨用松枝烧烟加工制成。油烟墨的特点是色泽黑亮，有光泽；松墨的特点是色乌，无光泽。

墨的外表形式多样，可分本色墨、漆衣墨、漱金墨、漆边墨。中国画的用墨是很讲究的，中国书画奇幻美妙的艺术意境要靠墨的应用才能得以实现。

（3）纸。中国古代四大发明之一的纸，曾经为历史上的文化传播立下了卓著功勋。即使在机制纸盛行的今天，某些传统的手工纸依然体现着它不可替代的作用，焕发着独有的光彩。古纸在留传下来的古书画中尚能一窥其貌。从目前出土的早期古纸自身的年代顺序，可以分别排列为：西汉早期的放马滩纸，西汉中期的灞桥纸、悬泉纸、马圈湾纸、居延纸，西汉晚期的旱滩坡纸。这些纸不但都早于蔡伦纸，而且有些纸上还有墨痕字迹，说明已用于文书的书写。

（4）砚。所谓"四宝砚为首"，这是由于它质地坚实、能传之百代的缘故。所以，现今社会上"四宝"中以砚最为多见，受人喜爱的范围也最为广泛。早先的砚附带磨杵或研石，其形制是从什么时候才开始发生改变，即取消磨杵或研石，而接近于现在的砚的呢？据目前所知，是两汉时期。汉代由于发明了人工制墨，墨可以直接在砚上研磨，故不须再借助磨杵或研石来研天然或半天然墨了。笔墨纸砚实是密不可分的，好的砚台，如果端正、光泽明亮，极易下墨与发墨。所谓"墨在砚中，随笔旋转"，"墨逾坚者，其恋石也弥甚"，其关系之密切可想而知！

## 培养审美力，聆听气场跳动的脉搏

要拥有艺术的气场，首要的是培养自己的审美能力。我们只有懂得去欣赏美，才能塑造自身的美。美术作品以美的艺术形式，产生美的视觉效果，给人以美的感受。无论是绘画、雕塑、建筑还是工艺作品，在感受它们的同时，似乎都能感受到诗歌般的抒情，音乐般的韵律与节奏，甚至感觉到人类思想进步的脉搏……它以其丰富的种类、诸多的风格和巨大的成就，为人类文化宝库提供了大量的艺术资源，并影响着人类的情感、思想和观念。用我们中国儒家的艺术功能论来说，可谓"厚人伦、美教化、移风俗"。美术是一门视觉艺术，它通过直观、可视的艺术形式来反映生活，表达思想和情感。其作者用高度提炼、概括和具有典型意义的瞬间来表达内容，给人以强烈的艺术感染力，让我们从中得到美的感受和熏陶。

罗丹曾这样说："艺术是一门学会真诚的功课。"美术作品不仅以美的形式打动人，其间更凝聚着艺术家的思想、情感和智慧，诉说着他们最真最美的感受。所以，它能立刻激起我们的感性认识，让我们为之感动、为之感慨……这就是艺术独具魅力的地方。因为它让人感受真诚，同时也学会真诚。

（1）培养艺术鉴赏的能力。相对于审美能力来说，艺术鉴赏能力要更加专业和深刻。如果你希望培养自己的艺术气质，那么你对艺术作品既可以广泛地涉猎，也可以挑自己喜欢的悉心钻研。拿建筑来说，歌德说建筑是凝固的音乐。西方建筑充溢着科学理性和人文气息，优雅和谐的古希腊建筑，意大利文艺复兴建筑，法国古典主义建筑等。而中国建筑的显著特征是"守成"，和古老的文化一样有着悠久的历史和极稳定的系统。

建筑艺术作品鉴赏，你可以从最具有代表性的开始：雅典卫城、帕特农神庙、古罗马大斗兽场、巴黎圣母院、流水别墅、朗香教堂、悉尼歌剧院、山西应县佛宫寺释迦塔、北京天坛等等。以此类推，还有雕塑、绘画、音乐、舞蹈、戏剧、戏曲、书法、设计……你可以列出一个清单，然后利用工作之余的时间，深入了解，细细品味。假以时日，你会发现自己的精神突然呈现出了一种新的面貌，那就是艺术气质的开始。

（2）学习多种艺术形式。你还可以通过对很多艺术形式的学习，来塑造自我的艺术气质，当然需要注意的是，你要喜欢它们，而不是为了附庸风雅。在中国，古文是现今许多文人墨客最喜欢揣摩的一门艺术。如是你认为自己缺乏艺术修养，那你完全可以学古文，学习古文可以让人变得充实而高雅，另外，在个人气质及社会交际中可以增加亲和力。不过，学习古文时，心态非常重要，因为在学习过程中，必然有很多难解的字词，没有耐心就很难成功地欣赏古文。学古文这门艺术大的收获是让人活得更舒坦，你不仅会觉得自己像一个真正的中国人，也会发现它能改善自己的人缘。品读山水，既要领略山的雄伟、险峻、奇特，水的幽深、秀美、浩渺、辽阔，还要品出山水的性情、品格、神采、魂魄，这样才能真正抓住山水的真谛。人与山水之间的审美关系从发生、发展到不断变化，积淀了非常丰厚的文化内蕴，一方面形成以山水为载体的景观文化，另一方面形成了以表现山水为内容的文学艺术。研究山水文化，就是以山水为对象，揭示其文化内蕴，研究人与山水的关系。舞蹈，正是对人生的肯定。尼采笔下的查拉图斯特拉如是说："哦，生命哟，我最近凝视着你的眼睛，我在你的夜眼里看到了黄金的闪耀，我的心为欢乐而停止了跳动了！"这是舞者之歌，也是生命之歌，舞蹈在塑造美妙形体的同时也塑造了不凡的艺术气质。陶艺，既是门艺术，也是集中注意力、帮助舒缓身心的休闲活动。做陶艺是很需要心力的，需要精神和情感的投入，你可以暂时把其他事丢开，专心体验一下制作陶的乐趣。而且，在制陶的过程中，你会发现一个艺术品原来是这般艰辛创造出来的，从制陶的过程中你会学会珍惜。剑道也是一种艺术，它让人在不断地被击打中学会忍让和承受，教会人们从容面对生活。如果你是一个脾气暴躁的人，或者最近在事业上不太顺，建议你去学学剑道。纸艺能充分培养和表现学习者的创造力，如果你是一个缺乏浪漫、没有表现力和创造力的人，那么通过制作纸艺培养一点艺术气质是很有用的。茶道是一种以茶为媒的生活礼仪艺术，也被人认为是修身养性的一种方式。如果你是个工作狂，那么不妨学习茶道，使头脑得到休息，让浮躁的心沉静下来。摄影是比较容易学习的一门艺术，能满足人们的视觉美感，而且技艺娴熟的话还可利用它来获取经济效益。如果你正面临就业难题，可以去学摄影，之后自主创业开家影楼，既可解决温饱问题，又能常与艺术打交道，一举两得。

## 做一个有情趣有格调有品位的人

古人曾说，"富贵不还乡，如锦衣夜行。"你成功了，必须有人在一旁欣赏你的成功，羡慕你的成功，这成功才有滋有味。而成功的标尺是什么呢？金钱和地位，你有，他也有，不必招摇也招摇不出什么花样来。每个算个人物的人，都置办了豪宅名车，即使是私人飞机和游艇也不稀奇了。要彰显自己有钱有闲、功成名就的超然地位，你必须玩一些别人玩不了的东西，烘托出自己的风格和品位来。例如，今典集团董事长张宝全，因为能拿出几幅书法作品参展、经常举办属于装置艺术的"观念地产展"，让他在"没有文化"的房地产界鹤立鸡群；中坤房地产公司老板黄怒波，因为出版了一本又一本的诗集，开了一场又一场的诗歌研讨会，成了备受瞩目的"地产诗人"。

万科集团的老总王石，是企业家中的半职业化运动员。从1997年攀登了西藏的第一座雪山之后，他一发而不可收，每年抽出1/3的时间用于登山、漂流、滑雪、滑翔、跳伞、热气球之类的活动。这让他成为一位明星企业家，并获得了"国家登山运动健将"的称号。他戏谑地说，他将"不是死在山顶上，就是死在山脚下"。2003年5月，52岁的王石成功登上珠峰，成为中国登顶珠峰的人中年龄最大的一位。2005年12月，他又成功抵达了南极极点，完成了"7+2"的目标（七大洲的最高峰，加上南极点和北极点），为全世界所有完成"7+2"壮举的人中年龄最大的一个，也是华人中的第一位。

针对登山是否妨碍了正业的质疑，王石的名言是："不要把我当个工头来要求，不要这样要求一个董事长。"王石要表明的是，在事业上，他已经登顶，可以自由地安排时间干自己想干的事，而不必担心经济条件的限制和他人的反对。另外一层含意是，万科集团的企业管理已经走上了正轨，公司的老总不必再陷入具体事务的焦虑之中。

我们可以看出，追求品位不是附庸风雅，更多的时候，是向外界展示自己的优越地位与超强实力。

人们都有一种心理，谁越有实力，就越有吸引力，大家都以与其交往、与其合作为荣；谁若没实力或者正在走霉运，大家就会有意无意地躲着他，好像与其走得太近，就会连累自己也低人一等。以此为出发点，我们无论做什么，自己都要先撑起门面来，什么时候也不能让外界看轻了。世上的事就是这样，你想要在这个世界上树立起怎样的形象，争取到怎样的身份地位，就必须拿出上佳表现。人们也许会同情弱者，怜悯弱者，却绝不愿意与他站在同一条水平线上。

生活中有这样一种人，他们的出身不见得多好，职位也不见得多高，却一直坚持高雅的、有品位的生活，举止文雅，待人彬彬有礼。长期下来，在周围人的心目中，他就是一个有修养、有格调的人，大家对他的态度自然不会随便、敷衍。后天的贵族，就是这么培养起来的。

要知道，一个人所受到的待遇与自己的表现密切相关，如果周围有很多人抬举自己，那么我们也会变得信心十足。但如果自己都不善待自己，那么无论在何时何地，都不可能受到别人的礼遇。其实，外在表现也是一种资产，有很多人就是因为外表看起来卑微，而失去了绝好的工作和发财的机会。

在生活中，交朋友尤其是交异性朋友时，在时尚品位上更不能露怯。总是庸碌繁忙地过日子，会给人一种很没有情趣的感觉。平日多接触一些如登山、打网球、游泳等时尚的运动，学会演奏一种乐器，最低限度，也要有几首拿得出手的歌，在聚会时表现一番。至于听歌剧、看画展，真正能领略其精髓的人又有多少呢？你可以不喜欢它，但是有必要了解它，即使仅仅作为一种谈资也是好的。

我们很多人有一个误区，以为只有钱够多的时候才有余力讲品位，其实这倒不尽然。只有你的见识和气度像那么一回事儿，才不会有人看轻了你。我们可以暂时没有钱，但不能没思想。比如，同样是旅游，他去欧洲，你可以去苗寨，虽然花费大大的不同，却只代表你们的不同趣味罢了；他喝几千元一瓶的红酒，你只喝苏打水，倒也显得返璞归真；他吃海鲜，你吃蔬菜；他听歌剧，你听民乐；他在蓝天绿草间打高尔夫，你在波光荡漾的水塘边钓鱼。只要你有自己的风格和主张，一样让人另眼相看。

# 第6章
## 形象是气场的最美外衣,你的形象价值百万

穿着打扮可以改变人的气场吗?答案当然是肯定的。选择穿什么衣服实质上体现了一个人对自己的角色定位,正如走在纤尘不染的大厅里,你不好意思随地吐痰、扔垃圾一样。当你穿着放浪形骸的前卫装时,你会给自己一种玩世不恭的心理暗示;当你穿上传统经典的职业装,你会觉得自己正向职业化方向靠拢;当你穿上活泼明朗的牛仔服,你会感觉自己充满了朝气与活力;当你穿上优雅得体的淑女服,你会觉得自己温柔娴静。这种种不同的心理感受直接影响你表现出相应的谈吐举止,进而形成你独特的气场。

## 运用第一印象的晕轮效应

一个人的仪表是最先被对方的感官所感知的。因为从理论上讲,仪表是彼此交往中最引人注意的部分。别人要获悉你是怎样一个人,最先注意的就是你的仪表,而我们想要留给对方美好的印象,也先要从仪表开始。

仪表,是指人的外表,包括人的容貌、姿态、服饰和个人卫生等方面,它是人的面貌的体现。

对仪表的总体要求是朴实自然、整洁大方、庄重亲切、给人好感。

对仪表的基本要求是整洁大方。

整洁不仅是为了自己,更是尊重他人的需要。社会心理学家认为,在公众场合,人们总是喜欢接触衣着整洁、仪表大方的人,或衣着略优于自己的人。这种行为,在日常生活中也常见到,没有人愿意同一个不修边幅、肮脏邋遢的人在一起。

心理学理论"晕轮效应"认为,一个人给别人的第一印象往往是人们对其作出判断的心理依据。如果你见到一个人衣着整洁、合体入时、表情自然,则会认为此人做事细心,有条有理,进而会认为这个人一定有责任心,你就必然会在心里产生最初的满意的感觉,并且还会联想到此人会有各种各样的能力。

倘若一个人给你的最初印象是衣冠不整,嘴巴里还骂骂咧咧,你必然会作出其缺乏道德观念的结论,甚至还会联想到此人的其他缺点。心理学家雪莱在莫萨立斯特大学挑选了68个志愿者参加实验,这些应试者的外貌、口才及对事物的理解判断能力的差异不显著,但仪表、风度却迥异。实验要求这68个人分别征求四位素不相识的过路人的意见,以期得到他们的支持。

结果,风度翩翩者较之仪态平平的人,更容易得到陌生人的青睐,并给

人留下好的印象。

所以，在你开始交友、求职等各种攻势之前，请先花些时间审视一下自己。你的穿着打扮、举止是不是能被大众所接受？不管有多你热情和健谈，不管你有多懂得社交技巧，如果你的打扮过于考验大众的接受力，恐怕从一开始，你就会给人一种"不好接触，不容易相处"的感觉，从而让你在一开始就注定了失败的结果。所以，请花些时间来审视自己的仪表。

仪态端庄、举止文明是令人产生良好印象的基础。仪表举止非常直观，只要你往对方面前一站、一开口，对方就会在头脑中产生一些反应，如站在面前的你属何种性格，修养怎样，属哪种类型的人，有无必要与你交谈下去等。但是，重视仪容、仪表，不能被理解为追求时髦。例如，某工科大学一位机械制造专业的男同学，披着一头长发，小手指的指甲留得较长，中指上戴一枚金戒指，他去某机械集团应聘，该企业人事部的经理一见那同学的模样，便婉言谢绝了。

一个人的仪表不但可以体现他的文化修养，也可以反映他的审美趣味。穿着得体，不仅能赢得他人的信赖，给人留下良好的印象，还能够提高与人交往的能力。相反，穿着不当，举止不雅，往往会降低身份，损害形象。由此可见，仪表是一门艺术，它既要讲究协调、色彩，也要注意场合、身份，同时，它又是一种文化的体现。

## 服饰是气场最美的外衣

衣服的作用，最初只是为了遮羞蔽寒，不使自己赤裸裸地暴露在大自然里。再进一步，人们开始注意它的美观功能。即使是不开化的原始人，也知道在兽皮上缝几个贝壳，在脖子上挂一串角骨装饰一番。现代社会，服饰更是一个人层次与地位的最直观的体现。你每天早晨出门，即使一个对你的底细毫无了解的路人,也能从你的服饰中,对你的职业、个性、目前的生活状态和未来的发展潜力看个八九不离十。

专栏作家孙未说:"一个女人不讲究穿着,说明她对吸引异性已经绝望了。而一个男人不在衣着上花重金,说明他对在社会上立足已经绝望了。"

人在世上走,难免要被人掂量、被人选择。一般来说,人们倾向于选择什么样的人作为自己的合作伙伴、朋友或下属呢?当然,最好他身家清白、性格诚实且才华出众,但是这种选择需要长期的考验,这对生活节奏飞快的现代人来说并不合适。这时候,第一印象就成了关键。人们往往会认为包装精美、价格偏高的商品质量过硬,同样,眼前这个人如果有一身打眼的行头,大家也会对他的内在实力产生浓厚的兴趣。

香港企业家曾宪梓先生创业之初,有一次背着领带到一家外国商人的服装店推销。服装店老板看他穿着朴素,又操一口浓重的客家话,毫不客气地让曾宪梓马上离开。曾宪梓碰了一鼻子灰,只好怏怏不快地走了。

曾宪梓回家后,认真反思了一夜。第二天早上,他穿着笔挺的西服,又来到了那家服装店,恭恭敬敬地对老板说:"昨天冒犯了您,很对不起,今天能不能赏光吃早茶?"服装店老板看了看这位衣着讲究、说话礼貌的年轻人,顿生好感,欣然答应。两人边喝茶,边聊天,越谈越投机。从此以后,这家服装店老板和曾宪梓成了好朋友,两人真诚合作,促进了金利来事业的发展。

从某种程度上来说,一个人改变自己的服饰,实际上就是在改变自我形象,改变他人对自己的看法。

你穿得整洁,无形中就提高了自己的身份,而别人觉得你可信,就容易答应你的要求。你衣着邋遢,别人就会认为你是一个自暴自弃的人,可能会一口回绝你的请求。

得体的穿着,等于在告诉大家,"这是一个重要的人物,聪明、成功、可靠。大家可以尊敬、仰慕、信赖他。他自重,我们也尊重他"。

相反,一个穿着邋遢的人给人的印象差,这等于在告诉大家,"这是个

没什么作为的人,他粗心、没有效率、不重要,他只是一个普通人,不值得特别尊敬他,他习惯不被重视"。

行为学家迈克尔·阿盖尔作过一个实验:他本人以不同的打扮出现在同一地点。当他身穿西服以绅士模样出现时,无论是向他问路或问时间的人,大多彬彬有礼,而且也差不多都是绅士阶层的人;而当他打扮成无业游民时,接近他的多半是流浪汉,或是来借钱,或是来借烟。

物以类聚。什么样的穿着打扮就会吸引什么样的人的注意,当你穿着非常糟糕时,对你不熟悉的成功人士就不会主动过来与你交往,特别是当你在开拓客户时,你的业绩就会因此而受到影响。

在与人打交道时,你的仪表姿态并非是"一言不发"的,要提高自己的价值和分量,从衣饰上着手是最有效的入门方式。我们需要解决的,是究竟要"提升"到什么程度的问题。尽管有人宣称非顶级名牌不穿,更有些富豪会为定做一套西装飞两趟巴黎,但是这种谱,并不是每个人都可以摆的。这不是买得起买不起的问题,而是,当一个人的衣饰和自己的实力地位严重不符时,不但起不到提高吸引力的作用,反而容易被人评判为"虚荣、浮夸、好大喜功",甚至有被人当成骗子的可能。本是为了提升身份、增加信任感的包装,这时反而产生了负面影响。

最适宜的服饰,是比你的现实身份提升一个格,仅仅是一个格而已,步子跨得太大,难免根基不牢。初涉职场的新人,可以将自己装扮成公司的中坚力量;中层的管理人员,可以向上司的衣着风格看齐;小商人可以穿得精明干练,显示你的冲劲,站稳脚跟之后,就要穿得大气、沉稳些,展示一下自己的信心和品位。上升要一步一个台阶,总有一天,你会成为自己希望中的那种样子。

乔·吉拉德说:"一个人的外在形象,反映出他特殊的内涵。倘若别人不信任我们的外表,你就无法成功地推销自己了。"成功的穿着不一定保证你成功,但不成功的穿着保证让你失败。

## 让外在魅力为自己加分

你对别人可以抱着不以貌取人的心态,但你无法阻止别人对你以貌取人。在竞争激烈的现代社会,我们为什么不利用一切有利条件来使自己在竞争中占有更大优势呢?而且穿着得体,也是对别人的尊重。

在当今这个越来越复杂、生活节奏越来越快的社会上,人们恐怕来不及去认真地、深入地了解一个人,就根据一个人的外表而形成对某人的印象。所以,为了更好地适应现实,给和我们交往的人留下良好的印象,我们应该花一定的精力在自己的外在上。虽然我们要重视内在的实力,但如果你富有外在魅力,也会对你的事业有所助益。

中国唐朝任用官吏的原则是,在考试后还必须具备"身、言、书、判"四个条件才能在朝任官。身是指身体上的条件,言是指谈吐,书是指文笔,判是指下判决书的能力。单从"身"置于四大要素之首,便可知,容貌为唐朝选任官员的重要条件。我们今天的公务员选拔对外貌也有一定要求,也是同样道理。

在美国,学者们曾对留络腮胡、山羊胡、鼻下胡等男性和每天剃胡子的男性作比较,调查结果发现,留有胡子的男性得到"有男人味、成熟、美观、有权力、有自信、勇敢、度量大"等佳评。

林肯在总统大选期间,收到一位住在美国中西部地区的少女写的一封信,内容如下:"你的演讲的确令人感动。但是,你那股言辞尖锐的评论气氛过于强烈。如果能带点像父亲和家人谈天的轻松气氛,我相信一定能得到更多人的支持。而且我建议你,不妨留点胡子,这样也许能改善那种严肃的气氛。"

就从少女的忠告开始,林肯留起了胡子。果然,那胡子缓和了不少尖锐

的气氛。

根据心理学家的研究，外在的魅力确实对人际关系有莫大的影响。有的外在魅力十足的人，让人产生"事业心强、办事牢靠、和蔼可亲、有远见、有自信、意志坚强、性情开朗、认真直率、城府不深、容易沟通"等好感。而民众很容易支持有外在魅力者的意见，对有外在魅力者所提出的报告也有很高的评价。

如果领导者具有外在的魅力，必然给人亲切和有能力的感觉，也容易被人认为具有优良的品行，那么在说服或交涉之际必然占有利的地位。

如果你是俊男或美女，不妨将你的外在魅力展现在商谈或说服的工作上，切勿让它像被遮住光芒的钻石。

我们不妨费点心思好好研究如何才能给别人留下良好的印象。到底哪些因素是别人注意的外在魅力？首先容貌就不说了，因为那是天生的，后天无法改变。其次就说说自己所能左右的方面，这主要包括服装和仪容。

先说服装。俗话说："人靠衣装、佛靠金装。"即使是同一个人，因服装的关系而给予别人的感觉就有相当大的差异。有学者作了这样一个有趣的实验，让实验者故意放置一枚铜板在公共电话机上，然后观察下一位入电话亭者可能产生的行动。结果发现，穿衬衫打领带、服装整齐的男士把铜板放回原处的比率较穿着随便者高。以女性做实验，所得到的结果也是一样。再以穿越人行横道的情况做实验，结果也发现，穿衬衫打领带的男性，虽然有闯、越红灯的情况，但比穿着随便者少很多。

以上所举的例子体现出，服装整齐的人比较容易给别人信赖感和威严感。因此，如果想要把握某人的情绪，除了按照规则行事外，适宜的穿着也是不可或缺的。

再说说仪容。根据心理学家所作的问卷调查结果显示，认为从仪容上能够提高个人魅力的主要因素有"秀丽的头发、洁白整齐的牙齿、没有口臭、咳嗽时应有礼貌、关怀的眼神、流行的发型、品行优良、注重清洁"等要项,这也是大部分男女所共认的条件。

外在魅力除了身体上的特征外,"优雅的举止"也很重要。对于戴眼镜的人,不论是男是女,都很容易被认为是有智慧肯努力的人。将擦口红和不擦口红的女性作比较的话,后者较易被视为"稳重、有内涵、诚实"。

另外,仪表整洁庄重也显示出对别人的尊重。起码让人家的眼睛舒服,也显示出你比较重视会面的人。就像家里来客人,怎么也要收拾一下、使屋子整洁一些吧,否则就是不在乎别人的表现。

总之,外在的东西我们不应忽视。一位哲人说过:"我们不仅应有美好的心灵,还应有美丽的外表。"先天的条件无法改变,但是通过后天的努力我们总可以使自己的穿着打扮更加得体一些,这样对我们的事业和婚姻都会产生有利的影响。

## 穿衣是一种恰到好处的适中

著名哲学家笛卡尔曾说过,最美的服装,应该是"一种恰到好处的协调和适中"。

不恰当的衣着,会引起人们的反感,给人们留下不好的第一印象。比如,一位教师如果以西部牛仔或伴舞女郎的打扮走上讲台,肯定不会受到学生的尊敬,即使课讲得再好,水平再高,也难以改变这一状况。另外,"爱美之心,人皆有之"。美观得体的衣着,往往给人以悦目的感受,让人产生与他继续交往的愿望。"先敬罗衣后敬人"这一古语虽说从道德上讲有所欠缺,但它毕竟是一个我们无法改变的现实,因为对方要了解你的"内在美"还要经过一段时间,而体现一个人的个性的衣着却让人一目了然,给人留下一个直观的印象。

恰当的着装,并不是指要穿上华贵的衣服,事实正好相反,一味追求华

贵，反而给人以庸俗的印象，关键是要整洁大方，能体现人的内在素质。

服饰要做到两个方面的和谐：一是服饰与人的身体、相貌、年龄、性格等因素和谐；二是服饰与环境、职业等因素和谐。

**1.服饰应该适合年龄和身份**

一个人的服饰同一个人的地位、身份和修养连在一起。为获得良好的初次印象，穿着上一定要注意与身份、年龄相符。不同的年龄应有不同的穿着打扮。不同的身份也应该有不同的着装。一个电影明星打扮得艳丽一点，人们会觉得比较正常，但一个中学生涂脂抹粉、穿着妖艳就会被认为不合身份了。因此，我们平时要注意穿着得体，尽力为给自己的第一印象加分。

**2.服饰应该适合形体**

人有高矮之分，体形有胖瘦之别，肤色有黑白之差。因此，穿着打扮，就得因人而异，并注意扬长避短。"人瘦不要穿黑衣裳，人胖不要穿白衣裳；脚长的女人一定要穿黑鞋子，脚短的男人一定要穿白鞋子；方格子的衣裳胖人不能穿，但比横格子的好；横格子的，胖人穿上，就把胖人更往两边裂，显得更横更宽了，胖人要穿竖条的，竖的把人显得长，横的把人显得宽。"

**3.服饰应该适合时间气候**

在什么季节穿什么衣服，尤其是在正式场合，更需注意。也许你新买的是三重保暖衬衣，在寒冬季节穿上它，一点寒意也感觉不到。但即使这样，你在严肃的场合，也得穿上西服。否则，别人会觉得你很奇怪。相反，在初冬，你再感觉冷，也别穿着鸭绒服、棉大衣去与客人见面，你宁可在西服里多穿一件毛衣。

遵守不同时段着装的规则，这对女士尤其重要。男士出席各类活动有一套质地上乘的深色西装足够了，而女士的着装则要随一天时间的变化而变换。出席白天的活动时，女士一般可着职业正装，而出席晚上5点到7点的鸡尾酒会就须多加一些修饰，如换一双高跟鞋，戴上有光泽的佩饰，围一条漂亮的丝巾。出席晚上7点以后的正式晚宴，则应穿中国的传统旗袍或西方的晚礼服。

**4.服饰应该适合场合**

服饰应该与环境协调，穿衣打扮要适合场合，例如，你不能穿牛仔衣去参加宴会。无论穿戴多么亮丽，如果不考虑场合，也会被人耻笑。如果大家都穿便装，你穿礼服就欠妥当。在正式的场合，要顾及传统和习惯，顺应各国的风俗。去教堂或寺庙等场所，不能穿过露或过短的服装，而听音乐会或看芭蕾舞，则应按当地习俗着正装。国际上穿衣讲究TPO原则，T是时间（time），P是地点（place），O是内容（object）。就是说穿衣打扮要注意场合，分清地点。从时间上说，白天服装应素雅，晚上服装则可艳丽；从地点上说，工作场所服装要规范，非工作场所服装可以随便一些；从内容上说，喜庆活动服装要欢乐一些，哀悼活动服装要肃穆一些，深入基层服装要轻便一些，隆重仪式服装要正规一些。

在与人初次交往时，一定要注意避免一些不恰当的着装。

**1.过分的时髦型**

喜欢流行服饰是很正常的现象，即使你不去刻意追求流行，流行也会左右着你。有些女性近近盲目地追求时髦，例如，有个女孩去一家公司应聘秘书，在指甲上同时涂了几种鲜艳的指甲油，给人一种令人厌恶的压迫感。一个成功的职业女性对流行的选择必须有正确的判断力，同时要切记，在办公室里，你主要是要表现工作能力而非赶时髦的能力。

**2.过分暴露型**

夏天的时候，女性一定要注意自己的打扮，不能因为天气太热，而穿起颇为性感的服装去求职面试或是与人约会，即使是在办公室也不行，这样你的才能和智慧便会被掩盖，会给人留下"花瓶"的印象，甚至还会被人认为轻浮。因此，再热的天气，你也应保证自己着装的得体、大方。

### 3.过分正式型

太过正式的服装往往给人以死板、严肃的感觉，很容易让别人对你产生畏惧心理，留下不良印象。

### 4.过分可爱型

在服装市场上有许多可爱俏丽的款式，但一定要分清场合和环境来穿着。如果第一天上班，穿这样的衣服会给人轻浮、不稳重、担当不起大任的感觉。

着装有细节，你注意到了吗？

着装上，不仅要对服装在整体上有所把握，还要注意细节部分，因为或许就是某些细节让别人在第一眼就看穿你，给人留下不好的第一印象。

有个推销员曾详细向人讲述过他遇到的一件有关衣着的事。一次，他与一位主任谈业务，他伸手到口袋里掏一份重要文件，突然，他发现上衣的衣袋裂开了一个难看的口子。尴尬与无奈致使他这项业务失败。因为他当时意识到主任也发现了这个裂口，于是，他顿时心慌意乱，完全乱了阵脚，对商品的介绍再也进行不下去了。

穿衣戴帽除了要注意年龄、体型、季节和场合的因素外，还得注意细节，不然会破坏整体的美感及和谐统一的原则。

### 1.穿西装有讲究

西装是人们在社交场合经常穿的服装。但有的人穿起西装来，显得既有风度又潇洒，而有的人穿西装却总让人觉得不对劲。究其原因，是他们不懂穿西装的知识，不按规矩办事所致。

穿西装除了上衣左前胸可以放置一块装饰手帕外，其他外部口袋都不宜放东西。钱包、钢笔、名片夹等，最好放在公文包里，如果不方便带公文包，可把这些东西放在上衣里侧口袋内。

在正式场合，穿西装要打领带，非正式场合可以不打。但这时，衬衫最上面的一颗扣子不应当系，而且里面不要穿高领棉毛衫，以免衬衫领口敞开后，露出棉毛衫，有碍观瞻。西装上衣领子上最好不要别徽章，装饰以少为佳。

西服上衣不能太短，应包住臀部。而西服裙要长至膝盖。

**2.别乱系领带**

穿西装打领带，在美感上具有画龙点睛的效果。当然，要打得好才行，乱打一通，肯定没有这种效果。一般说来，打领带应注意的是：领带的颜色与图案可根据喜好来挑选，但要避免"斑马搭配"或"梅花鹿搭配"。"斑马搭配"就是条纹领带配条纹西装或条纹衬衫，"梅花鹿搭配"就是格领带配格西装或格衬衫。

在一般情况下，可以不用领带夹，但正式场合或进餐时，最好用领带夹束一下领带。比如进餐时，你不对领带加以"管制"，它就可能跟你一道品尝饭菜的滋味。

**3.穿丝袜应注意的事项**

丝袜是女性衣着中必不可少的一部分。但有许多女性却不注意穿丝袜时的细节，而只考虑首饰、鞋帽和手袋的搭配。结果，这后者虽然很协调，可因前者搭配不当，而影响了整体效果。

丝袜要高于裙子下摆，无论是坐还是站，都不能裸露出腿来。不然，这会给人轻浮的感觉，让人产生不信任感。

不要穿有走丝或破洞的丝袜。常见有人用指甲油粘丝袜的破洞，粘好后再穿。其实，与其穿这样的丝袜，还不如光着脚。

**4.初次见面最好不要戴墨镜**

有人认为戴墨镜很酷，但建议你在与别人初次见面时把墨镜摘下来，让人看到你的眼睛。否则，墨镜给人留下的第一印象将是负面的。

**5.穿西装的十个小细节**

穿西装时不要穿白色袜子，尤其是深色西装，一定要搭配同色系的袜子。

西服袖口的商标一定要剪掉。

西服的衬衫一定要干净，不要出现脏领口、脏袖口的情况。

衬衫的袖口应略长于西服袖口1厘米左右。

西服一定要熨挺括，不能皱皱巴巴的。

穿西服的男士要展现绅士风度，有"站如松、坐如钟"之态，并且不要忘记女士面前一定要有优雅的举止。

三点一线：衣冠楚楚的男人，他的衬衫领的开口、皮带扣和裤子前开口外侧应该在一条线上。

如果你系领带的话，领带尖千万不要触到皮带上。

除非你是在解领带，否则，无论何时何地，松开领带结都是很不礼貌的。

如果你穿着西装而不系领带，就可以穿那种平底便鞋；如果你系了领带，就绝对不可以。

**6.出门之前别忘了照镜子**

在你去与人约会之前，一定要先对着镜子整理一下自己的服装：

看看领带歪没歪，扣子扣没扣，鞋带系没系，裤子拉锁拉没拉上。

看看衣领脏不脏，衣袖污没污，皮鞋擦没擦。

看胡须剃干净了没有，头发梳好了没有。

这些都检查过了以后，没发现什么问题，你再抖擞精神去赴约。

## 关注你要表达的信息

如果说衣饰的品质，说明的是一个人的身份，那么它的颜色和款式，则在传递着他的个性信息，比如说这个人是时尚的还是保守的，是清高的还是随和的，是严谨的还是开放的等。一些大家熟悉的公众人物，在服饰上都有着自己独特的标签。周杰伦的鸭舌帽,杨二车娜姆颜色热辣的长裙,都给人留下了深刻的印象。即使同样穿的是深色西装,白岩松、水均益则搭配得中规中矩,李咏则会挂一身的亮片和花边,台前一站,气氛或凝重或轻松,马上就有了分别。

选择什么样的衣饰,不仅仅是私人爱好的问题,你的主张和风格都会在其中得到充分的体现。

英国历史上第一位女首相撒切尔夫人,对自己的妆容、服饰非常讲究。在她身上,没有一般女人的珠光宝气和雍容华贵,只有淡雅、朴素和整洁。从少女时代开始,玛格丽特就十分注重自己的衣着,但并不标新立异、哗众取宠,而是朴素大方、干净整洁。从大学开始,她受雇于本迪斯公司。每个星期五下午,她去参加政治活动时,都头戴老式小帽,身穿黑色礼服,脚登老式皮鞋,腋下夹着一只手提包,显得持重老练。虽然有人笑话她打扮保守,但她却有自己独到的见解:这样的打扮能在政治活动中取得别人的信任,建立起威信。她的衣服从不打皱,让人觉得井井有条是她一贯的作风。这些对她以后的政治生涯都起着至关紧要的作用。

穿着打扮虽然属于个人爱好,但却能反映你的习惯、性格特征,因而也能将一些有关你的"非语言信息"透露给别人。假如你的穿着一直十分端庄、保守,别人就会认为你是一个拘谨、严肃的人;假如你穿着时髦,跟着潮流不断翻花样,别人就会认为你是个性格活跃、开放的人;假如你衣冠不整,不修边幅,别人就会认为你是个不拘小节、邋遢不羁的人,或者是个潦倒的人;假如你一贯衣冠整齐,每件衣服都熨得笔挺,那别人就会认为你是非常细心、讲究的人。

一些文艺界、娱乐圈的人士,在服饰上的选择是自由的。他们的卖点,就是自己的个性,慵懒的、颓废的或者新奇的风格,统统可以粉墨登场,冲击人们的视线。而我们大多数人,服务于某一家公司或者政府的某一个部门,在这些工作场合,就要求我们以整体的风格为风格,展示良好的公众形象。如果你喜欢研究服饰，对如何穿出职业风格有深刻的见解，如果不让你享受搭配的乐趣，简直是埋没了天才。此外，如果你没有时间也没有兴趣在服饰上下工夫，那么穿得保守一些，也不失为一种稳妥的做法。最低限度，是不能与自己的身份形成强烈的反差。

1988年美国总统竞选，在乔治·布什粉墨登场之前，大出风头的是加里·哈特。他经过了一系列紧张的竞争，一路过关斩将，成为民主党内的领先者。正当哈特庆幸他的胜利时，他没想到，新闻记者的摄影镜头已对准了他。在北迈阿密海滩至比米利的海面上，"恶作剧"号高级游轮欢快地行进着，船上坐着四个人，其中一个便是哈特。他身着鲜红的运动裤，看起来神采飞扬。上岸后，四人中的一位叫唐娜赖斯的漂亮女郎（全美大学优秀生联谊会成员）偎依在哈特的怀里。记者拍下了这个时刻，这个历史性的瞬间使哈特的身价大跌。

"恶作剧"号成了哈特倒霉的预兆，"甜蜜的开端"以"苦涩的结尾"而告终。《迈阿密先驱报》刊登了哈特这一"桃色新闻"，使哈特陷入了重围。舆论界就哈特爱穿"红裤子"这一点大做文章，他们说："穿着花哨的红裤子的参议员，是否适合坐在白宫？"这一质问，看似平平淡淡，实际上力重千钧，最终使哈特一败涂地，狼狈地退出了竞选。

哈特身着红色的裤子是他的爱好，他试图在竞选期间向人们展示他的活力，以此来引起选民的注意，从而在竞争中取胜，但实际上，他已误入了颜色的交际误区。红色象征着女性，又象征着爱情，人们常常把爱情之梦说成是玫瑰色之梦，发生爱情风波被称为"桃色新闻"。而哈特在这竞选的非常时期身着红裤子，自然会给人们一种不够庄重的感觉，绝对不符合国家领导人的形象定位。

哈特竞选的失利，提醒我们在日常工作生活中经常会发生的一种衣着失误：我已经穿得够昂贵、够档次，为什么还得不到相应的认可？这里面最可能的原因，是我们对自己的形象定位出现了偏差。搞政治的人穿得太轻佻固然不得宜，而如果一位幼儿教师身上线条太分明，一位健身教练把自己包裹得太严密，一位做广告设计的专业人员穿得平庸无奇，那么他们的专业性和创造力就会遭到质疑。他们与人们期待中的角色不一样，人气就会迅速下滑，发展空间也不会太大。

你喜欢什么样的穿着风格是一回事，社会环境要求你怎么穿是另一回事，不管你混到什么份儿上，都逃不出这个规律。

比尔·盖茨是何许人也，这个不用多说。在日常活动中，比尔·盖茨的圆领衫和球鞋差不多成了他的招牌，人家随随便便的，就成了全球首富，该没有什么规则来束缚他了吧？2004年6月，比尔·盖茨访华，拜会国务院总理温家宝时，穿着严整规范的西装，打着领带，表现了他对与中国政府的关系的高度重视。

只要一个人心中还存有理想，就无法逃出社会的大框架去。

# 第7章
## 口才提升气场,说有分量的话,做有分量的人

我们常说一个词——"底气",说的就是语言在传递气场时的重要作用。语言的气势,是影响他人最有力的武器之一。声音,作为人和人交流的最基本的形式,是气势传递的有效工具。我们在与人交流的时候,影响别人的地方,50%以上不在于我们到底说了什么,而在于我们是怎么说的。人们的语言能力有大小之分,说话的效果也千差万别。如果你很会说话,那么在这个强手如林的人生竞技场上,你就无疑多了一种竞争力。

## 别让说话毁了你的气场

说话效果的好坏,主要取决于说话者的思想水平、文化修养、道德情操,但讲究语言的艺术也同样十分重要。同样一种思想,从不同的人嘴里说出,往往会收到不同的效果。

良好的谈吐可以助人成功,蹩脚的谈吐则令人障碍重重。在日常生活中,我们身边的人有口若悬河的,有期期艾艾、不知所云的,有谈吐隽永的,有语言干瘪、意兴阑珊的……人们的口才能力有大小之分,说话的效果也天差地别。因此,要想在说话上成为高手,达到"言为心声,心随言动"的境界,就必须把握其中的奥秘。

一个人的话能否被别人所接受,取决于他的可信度,而要提高可信度,不仅在形象上要做到衣饰恰当、举止大方,谈吐自然得体,眼神专注、表情沉稳等,还要会观察对方。

不同的人接受他人意见的方式和敏感度都是不同的。

一般来说,文化层次较高的人,不屑于听肤浅、通俗的话,对他们应多用抽象的推理;文化层次较低的人,听不懂高深的理论,对他们应多举明显的事例。对于刚愎自用的人,不宜循循善诱,可用激将法;对于喜欢夸大的人,不必表里如一,不妨诱导;对于生性沉默的人,要多挑动他;对于脾气急躁的人,用语要简明快捷;对于思想顽固的人,要看准他的兴趣点;对于情绪不正常的人,要等他情绪恢复正常后再谈。只有知己知彼,才能对症下药,收到好的说话效果。

## 怎么说话大有学问

　　古往今来，人们对说话的态度众说不一，其中一种在表述语言的最高境界时用了两个字"危言"。危言的境界与"大相无形，大音希声"等先哲的言语有异曲同工之妙。正如禅宗教人"将嘴挂在墙上"。但我们平常人，谁能不说话？即便先哲也免不了说话，只是他们可做到这时候说，那时候不说，该说的说，不该说的不说。即使哑巴不能正常说话，但他也有自己的表达方式。

　　其实，说话大有学问。有时想说而不能说，有时想说而不该说，有时想说而不会说，有时想说而不敢说。古希腊有个寓言把舌头比做怪物，它能用最美好的词语来赞美你，也可以用最恶毒的言辞来诅咒你，它能把蚂蚁说成大象，也能把小丑说成国王。

　　善于说话的人，可以流利地表达自己的意图，也能把道理说得清楚、动听，并使别人乐意接受。有些人善言健谈、出口成章，说出无数金玉良言、警世箴言；又有些人信口雌黄、搬弄是非，制造废话、蠢话、无用之话，给人留下说话轻浮、行动也草率的不良印象。

　　常言道："良言一句三冬暖，恶语伤人六月寒。"一句话可以把人说得笑，一句话也可以把人说得跳。言语是思想的衣裳，在粗俗和优美的措辞中，展现不同的品格，在不知不觉、有意无意间为别人描绘自己的轮廓和画像。

　　在今天这样的信息时代、文明社会，探讨学问、接洽事务、交换信息、传授技艺，还有交际应酬、传递情感和娱乐消遣都离不开说话。甚至衡量一个人是否有力量，这种力量能否表现出来，在很大程度上是看他说话的能力。另外，我们还知道口才不是先天造就的，完全可以通过自我训练来提高。因此，说，还是不说，说什么，怎么说，和谁说，是一种文化，更是一门艺术。掌握这门艺术，就能驾驭奇妙的舌头，改变你的一生。

为此，我们可以从以下几个方面来塑造自己说话的形象和语言能力。

**1.试着清除语音障碍，调整自己的音色**

有的人声音尖锐刺耳，有的人声音沙哑低沉，尽管一个人声音的基调改变不了，但每个人还是可以发出一些不同的声音，其中，也必有一种音色是最亮丽而具有魅力的。在不同场合，要注意运用有效的发音。坚毅激进的声音，给人一种奋发感；柔和、清脆的声音使人愉快；低缓忧郁的声音让人悲哀；而粗俗急躁的声音使人发怒。

**2.说话要保持恰当的速度**

说话太快，自己喘不过气来，别人也听不清，白费口舌；太慢，使人听得不耐烦。在说话时，声调要注意有高有低，正如乐曲中的快慢和强弱，要使你的话如同音乐一样动听，就要注意声调的高低。另外，说话带口头禅，会扰乱节奏，显得杂乱无章。平时说话声音不能太响，在公共场合特别要注意文明。大声喧哗，只能招别人白眼。

在人际交往中，人们最忌讳那种傲慢的腔调、趾高气扬的神情、刻板僵硬的语气。而谦逊的态度、委婉动听的语调，能给人一种心悦诚服的力量。

在奥斯卡颁奖台上，著名影星英格丽·褒曼在连获两届最佳女主角奖后，又一次获得最佳女配角奖，但她对和她角逐此奖的弗伦汀娜推崇备至。"原谅我，弗伦汀娜，我事先并没有打算获奖。"谦逊的一句话就消除了与对方的心理隔阂。

**3.不要把"我"挂在嘴边**

不要以自我为中心，不要把最没有价值的"我"字当成说话中最大的字，把出现频率最高的"我想"、"我认为"改成"我们"、"你看呢"、"你觉得"。少叙述自己的经历故事，除了真正贴切简短以外，更不要逢人便滔滔不绝地吐苦水，把周围人当成宣泄对象。开口诅咒，闭口发誓，漫天许愿，随便插嘴，也是粗鄙俗陋的表现。不讲别人不感兴趣的话题，要把所

有人的谈兴都调动起来。

当然，我们还应意识到，说过头的话、刻薄话、挖苦或讽刺话、伤害感情的话都会给别人的心灵留下创伤。应尽量避免舌头惹麻烦，不搬弄是非，不道人之短，不谈他人隐私。当遇事应当表露态度时，不要畏畏缩缩。鼓不敲不响，话不说不明，要勇于把当时的情况讲明，否则会人为地引起麻烦，产生误会，事后难以说清。

夸张的词有一种引人注意的效果，但用得太滥，反而使人不相信。你不可能每次说的都是最重要的消息，不可能每次都讲最动人的故事，随时、随地出现"最"这个字，别人会认为你是个喜欢夸大的人。

最后，有些人经常由于自卑，嘴巴张不开而不敢说。或因某种原因而不屑开口说。孔子说："志有之，言以足志，文以足言。不言谁知其志？"就是要让人不要耽于沉默或不要无谓地沉默。其实说话和写文章一样，关键是第一句，你只要勇敢地讲出第一句话，紧接着第二、第三、第四句就会跟着吐出来，别人绝不会在意说得怎样。所以把话说出来是关键，因为无论怎样你表达了自己的思想，而与人交流才是学习和进步的阶梯，不要当"故作的"深沉的智者，把自己封闭起来并无益处。

## 妙语惊人，语惊四座

与人交往，说话最忌吞吞吐吐，词不达意。这样不仅别人难以与你沟通，还可能给人不好的印象。因此，交往中应尽量做到说话机智敏捷，语言措辞准确。

社交谈话要讲方式，语言交流要有技巧。君不见，社交场上有多少惊人妙语，语惊四座，又有多少奇谈怪论，吓跑宾客。在很多情况下，不怕不说话，就怕说错话。

有位向导,陪伴一位法官打猎回来,有人问他:"法官今日收获如何?"

"法官枪法高明,"他回答,"只是今天上帝对于飞鸟特别仁慈。"

实际上这位法官枪法太一般,没能打中一只鸟,但叙述者却用艺术的语言、幽默的措辞而把原因归于上帝。

著名谈话艺术家德川梦声说:"我们日常与人谈话的目的,不外乎如下几种,基于意志的,基于感情的,基于求知的。"

第一种,基于意志的。你心里想些什么,就要用谈话宣泄出来,有心事而难以宣诸口舌,是很痛苦的。有时你企图用说话去左右别人的意志。比如,你请求别人办一件事,别人答应了你,这就是你已左右了别人的意志。

第二种,基于感情的。这是我们最普通的联络感情的方式,目的是通过彼此的谈话使双方感情有所增进。

第三种,基于求知的。这是你想认识某一事物或为了某一事而请教别人。

在日常生活中,不妨先判断出我们和人应酬时的目的属于哪一类,确定之后,就可以进行了。因为我们要的是成功,而不是失败。

有许多人应酬时之所以失败,是因为没有朝着目标前进,常常节外生枝,做些和目标无关甚至背道而驰的事情。也有些人,他在应酬中所运用的方式根本就是违背人之常情的。

同是一句话,措辞略有不同,效果就会相差甚远。例如,说"保龄球馆在哪里?"和"在哪里有保龄球馆?"可能会有不同的答案。

在一些特殊场合中,对于措辞,当事人更应给予足够的重视。

一次,一家英国电视台采访梁晓声,现场拍摄电视采访节目。采访者是个老练机智的英国人,他走到梁晓声跟前说:"下一个问题,请您做到毫不迟疑地用最短的一两个字,如'是'与'否'来回答。"梁晓声点头认可。遮镜板"啪"的一声响,录音话筒立即伸到梁晓声嘴边。记者问:"没有文化大革命，可能也不会产生你们这一代青年作家，那么文化大革命在你们看来究竟是好的还是坏的？"

梁晓声一怔，提问竟如此之"刁"。他灵机一动，立即反问："没有第二次世界大战，就没有以反映第二次世界大战而著名的作家，那么您认为第二次世界大战是好是坏？"回答是如此的巧妙，使英国记者一愣，摄像机立即停止了拍摄。

我们在日常生活中，常会遇到这样的情况，就是别人常会问自己对某人的评价是怎样的。其实，这样措辞的问法常令人难以启齿，与其问"你很讨厌他吗"或"你很喜欢他吗"，倒不如问"你对他的印象如何"。

而在回答这一类很私人化的问题时，很多被问者的心里是相当矛盾的。这时，我们大可采用一些模棱两可的话来回答。

日本演员中野良子有一次在中国被记者问及何时结婚时，刚刚失恋的她确实很难回答，但中野良子想了想后巧妙地答道："如果我结婚了，一定来中国度蜜月。"这可说是个典型的例子。

## 让你的语言听起来动听悦耳

平时，我们与人交谈、交往的时候，大多希望自己能给对方留下一个良好的印象，因此，莫不讲究语言方面的技巧和修辞。

语言的技巧，着重在"巧"字上。掌握了一定的语言技巧，对于日常的交际活动肯定大有助益。

**1.用正常的语速讲话**

一般来讲，说话的速度很难掌握，即使是一些职业演说家或政治家，有时也不容易把握好自己说话的速度。说话太快，别人就听不懂你在说些什么，而且听得喘不过气来。说话太慢，人们就会根本不听你说，因为他们缺乏耐心。据专家介绍，正常的语速在不同情况下有不同的标准，中央人民广播电台新闻播音员的速度为每分钟350字左右，教师课堂讲课以每分钟200~250字为宜。平时说话的速度不宜固定，如果不包括增加效果的停顿和情绪变化的影响，一般比朗读慢一些，每分钟160个字左右。当我们朗读时，其速度要比说话快。而且说话的速度不宜固定，你的思想、情绪和说话的内容会影响你表达的快慢。说话中把握适度的停顿和速度变化，会给你的讲话增添丰富的效果。

为了测量自己说话的速度，你可以按照正常说话的速度念上一段演讲词，然后用秒表测出自己朗读的时间。如果你说话的速度每分钟达不到上面那个标准，就可以试着调整说话速度，看是否会收到良好的效果。

**2.让说话的语调与内容配合起来**

语调能反映出一个人说话时的内心世界，表露其情感和态度。当你生气、惊愕、怀疑、激动时，你表现出的语调也一定不自然。从你的语调中，人们可以感到你是一个令人信服、幽默、可亲可敬的人，还是一个呆板保守、具有挑衅性、好阿谀奉承或阴险狡猾的人。你的语调同样也能反映出你是一个优柔寡断、自卑、充满敌意的人，还是一个诚实、自信、坦率以及尊重他人的人。

不管你谈论什么话题，都应保持说话的语调与所谈及的内容相配合，并且能恰当地表明你对某一话题的态度。要达到这一点，你还应做到：向他人及时准确地传递准确的信息；得体地劝说他人；倡导他人实施某一行动时要有力度；说话果断，不拖泥带水。

**3.说话时用字精确**

让所说的每个字都正好表达你所要说的意思，也不要浪费一个字，不要为说话而说话。把言语当做沟通思想和情感的最佳方式。

这可能意味着你必须把语调放慢，在说话之前先想好，比平常更仔细地听，并且随时暂停一下以选择正确的字或词。不要自视过高地说话，或用些让人听不懂的字，也不要叫人猜你说话的意思。

如果你要让某人知道某件事在你生命中意义重大，就说"意义重大"，而不要说"好像颇具意义"。把一些口头禅，像"那个"、"你知道"、"真的吗"等省略掉。用字要谨慎，但是要能传达你说话时的目的和情感。适时运用一些姿势和表情来辅助你的谈话，如此可以更完整地表达你的意思，同时减少你所需要用的字数。

**4.把握好说话的节奏**

说话不仅可以表现一个人的内在形象，更可以体现出一个人的内在修养。

那些讲话磕磕绊绊没有任何节奏感的人，很少能够打动我们，这样的人，几乎说不出什么值得我们去注意的东西。只有懂得说话的节奏、思路清晰的人，才会有活跃的思维。

掌握好节奏的最高境界是说话自然流利。

当然，恰当的停顿不属于不流利，因为我们经常利用停顿展开新的思路，或者从一个要点过渡到另一个要点，或者重复某个词以期给听众留下更深的印象。

磕绊的次数是可以数出来的，这也是熬过听那些令人生厌的讲话的有趣方法。在大多数无味的讲话中都会有磕绊。在你自己的讲话中，请别人统计一下你发生磕绊的次数，具有很大的实际价值。

很少有人能够在即兴讲话中不出现磕绊情况。有关研究发现，最多的达到每分钟30处，有许多教授也有20处之多。

那么，如何提高说话的流利水平呢？

首先，应熟悉讲话的主题。在我们的思考不发生任何迟疑的情况时，要说的话也自动地到了嘴边。充分的准备可以增加流利的程度，因为这能增强自己的自信心，从而更加坚定自己要讲的东西。另外，熟悉主题会使讲话者有更大的激情，这种激情会使讲话者的整个身心都投入到其演说的境界中。这样，流利也就不成问题了。

其次，发音要准确。发音含糊不清是说话犹豫的一种表现。如果讲话者连续几个地方都有迟疑不决的现象,就会使人感到他其实并不知道自己在讲什么。而在头脑中力图发现哪儿出了毛病,结果说话将更加不流利。因此,如果我们有意识地在流利方面作出一些努力,会收到很好的成效;相反,如果我们只在演说的其他方面下工夫,而认为到时候自然会流利起来,那结果将只有失望。

再次,要充满热情。我们注意到,人们激动时,声音变高,语速变快,此时,语言似乎更加流利。所以,在演讲时,要用你的热情感染他人,要大声讲话。如果你的情绪已经紊乱,如果你站在听众面前怕得发抖,你就特别要大声地讲话。

最后,迅速地讲话也能提高流利程度。当你迅速讲话时,你的大脑便能更有效地发挥功能,就像阅读一样,如果你能集中精神快速阅读,那么,在你认为只用于读一本书的时间内,就能读两本书,并且可能获得更透彻的理解。掌握好说话的节奏,使说话就像琴弦一样有张力,像流水一样缓缓而流。为此,我们应去积极地学习。

## 改掉说话时的一些小毛病

如果一个人的脸上长有疤痕,可以从镜中窥见,可以使用化妆品或药品加以遮掩或治疗。同样,谈吐方面的缺陷也可以改变,只要治疗之前,自己能够清醒地认识到这些缺陷。如果不清楚自己说话的缺陷,也可以拿一面镜子对照自己说话的姿态:是否手势过多,是否翘起嘴角,是否表情难看,是否强抑声调……

以下几点是我们说话中常有的缺陷,我们可以对照检查并加以改正。

**1.说话用鼻音**

用鼻音说话是一种常见且影响极坏的缺点,当你使用鼻腔说话时,就会发出鼻音。如果你用大拇指和食指捏住鼻子，你所发出的声音就是一种鼻音。如果你说话时嘴巴张得不够大，声音也会从鼻腔而出。在电影里，鼻音是一种表演技巧，如果演员扮演的是一种喜欢抱怨、脾气不好的角色，他们往往爱用鼻音说话。鼻音对于女人的伤害比对男人更大，你不可能见到一位不断发出鼻音却显得迷人的女子。如果你期望自己在他人面前具有极大的说服力，或者令人心荡神移，那么你最好不要使用鼻音，而应使用胸腔发音。正确的方法是，平时说话时，上下齿之间最好保持半寸的距离。

2.声音过尖

一个人受到惊吓或大发脾气时，往往会提高嗓门，发出刺耳的尖叫。一般女性犯此错误居多，要多加注意。因为尖锐的声音比沉重的鼻音更加难听。你可以用镜子检查自己有无这些特征：脖子是否感到紧张？血管和肌肉是否像绳索一样凸出？下颚附近的肌肉是否看起来明显紧张？如果出现上述情形，你可能会发出刺耳的尖声。这时你就要当机立断，尽快让自己放松，同时压低自己的嗓门。

3.结巴

结巴是口吃的通称。结巴对极个别的人来说是一种习惯性的语言缺陷，是一种病态反应，说话结巴的人也被称为口吃患者。口吃就是说话时字音重复或词句中断的现象。要想治愈说话结巴的毛病，除药物治疗外，更重要的是去除心理障碍。日本前首相田中角荣少年时代就是口吃患者，为了克服这个缺陷，他常常朗诵课文，为了发音准确，就对着镜子纠正嘴形，后来他成了一位著名的政治家、演说家。有口吃的人不妨试一试这个方法——坚持朗读文章。只要坚持不懈并保持良好的心态，相信一定会产生好的效果。

4."毛手毛脚"

"毛手毛脚"，在这里意即说话时动作过于频繁。可以检查一下自己，是否在说话时不断出现以下动作：坐立不安、蹙眉、扬眉、歪嘴、拉耳朵、摸下巴、搔头皮、转动铅笔、拉领带、弄指头、摇腿等。这都是一些影响你说话效果的不良因素。当你说话时，动作过于频繁，听者就会被你的这些动作所吸引，根本不可能认真听你讲话。

**5.改掉口头禅**

在日常生活中，人们常听到这样的口头禅，如"那个"、"你知道不"、"是不是"、"对不对"、"嗯"等。如果一个人在说话中反复使用这些词语，一定会影响自己的形象。口头禅的种类繁多，即使是一些著名的政治家在电视访谈中也会出现这种毛病。

谈话中"啊"、"呃"等声音过多，也是一种口头禅的表现。著名演说家奥利弗·霍姆斯说："切勿在谈话中散布那些可怕的'呃'音。"如果你有录音机，不妨将自己打电话时的声音录下来，听听自己是否有这一毛病。一旦弄清了自己的毛病，那么以后在讲话过程中就要时时提醒自己注意这一点。

下面介绍几种克服口头禅的方法，以供参考。

（1）默讲。出现口头禅的原因之一，是对所讲的内容不熟悉，讲了上句，忘了下句，此时就要用口头禅来获得一点思考的时间，以便想起下句话。事前默讲几遍，对内容、措辞做到十分熟悉，正式讲话时就能减少或不出现口头禅了。

（2）朗读。克服口头禅的朗读法，就是将自己的口语，从不清楚变为清楚、流利的语言。如果内部语言流畅贯通，就不会出现口头禅。出声朗读老舍、叶圣陶等语言大师的作品，有助于用规范的语言来克服自己的毛病。

（3）耳听。广播员、演员的语言，一般都较为规范，没有口头禅。平时听广播、看电影时，可边听边轻声跟着说。久而久之，你会惊喜地发现，自己的口语精练了，口头禅少了，连普通话水平也提高了。

（4）练习。听听自己的讲话录音，会对自己讲话中的口头禅深恶痛绝。这样，往往能使自己讲话时十分警惕，口头禅也会随之变少。

（5）慢语。在一段时间内，尽量讲慢些，养成从容不迫的思维和说话的习惯，一句句想，一句句说，对克服口头禅有很好的效果。

## 培养自己的说话风格

培养自己讲话的风格，使其独树一帜，对你的讲话将起到意想不到的效果。

一个人说话有自己的风格，讲话才容易吸引别人，并产生应有的魅力。

同样，如果你想成为说话高手，那么，你的说话风格必须有某种独特的地方，以便引起人们的注意，或者使人们容易记住你。

你可以利用自己的长相或身体上的某种特殊之处，来引起别人注意，但这只能是暂时的，也是远远不够的，它只能帮助你引起人们的注意，而不能真正吸引人们。除非你有伟大人物的那种超凡的魅力，否则你必须培养自己说话的风格，这才是使你让别人信服和难忘的最好方法。

记住你谈话的风格，你与别人交谈的方式，都能为你的名声和你的成功作出重大的贡献。如果你对下级讲话趾高气扬，甚至有鄙视的口吻，下级就会怨恨你；如果你对上级讲话过于谦恭，他们就可能认为你缺乏能力或者没有骨气，不敢对你委以重任。你讲话的风格，不仅是你使用词汇的问题，而且是你使用词汇的方式、方法的问题，从中也能反映出你的态度和修养。

因此，要想树立自己的讲话风格，说话就不能忽左忽右、变化无常，更不要试图去模仿别人，表现出不属于自己风格或不适合自己风格的东西。虽然学习别人是件好事，但不要故意去模仿别人的风格或者说话的口吻。这个道理很简单，不用多解释就会明白，谁都不想遇到一个装腔作势的谈话者。学别人说话，就像那种喝了大量白酒又想隐瞒的人，他隐瞒不了自己喝了酒的事实，因为人们一闻就明白了，"他把自己当成了别人"。

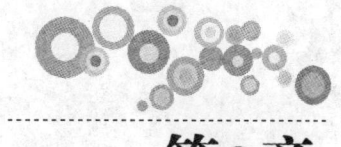

# 第8章
## 我的气场我作主,心随身动,辐射内在自我

生命力,系身体气场的另一个名字,这是在印度、中国、日本、德国和英国的典籍中都能找到的共通的东西。身体气场主要包括身体的姿势、眼神的控制度、面部的表情、语言的气势等方面。人们通常以身体为圆心、以一米为半径画一个圆,来代表个人的气场。气场是可变的,也是可以通过学习和练习来进行操纵的。实际上,我们每个人都在随时随地无意识地改变着自己的气场。

## 三种高气场的体姿

体姿对一个人整体形象的塑造有着很重要的作用。人的体姿与人的相貌有着同等重要的作用,共同显示出一个人的气质和风度。如果"站无站相"、"坐无坐相"、"走无走相",即使相貌再漂亮也会大打折扣。相貌是天生的,而体姿却可以通过后天的训练向理想的姿态转变。

**1. 坐姿**

坐姿语就是通过各种坐的姿势来传递信息的语言。坐姿包括就座和坐定的姿势。入座时要轻而缓,走到座位前转身,轻稳地坐下,不应发出声音。坐下后,上身保持挺直,头部端正,目光平视前方或交谈对象。腰背稍靠椅背,在正式场合,或有尊者在座时,不能坐满座位,两手掌心向下,叠放在两腿之上,两腿自然弯曲,小腿与地面基本垂直,两脚平落地面,两膝间的距离,男子以松开一拳或两拳为宜,女子则以不松开为好。非正式场合,允许坐定后双腿叠放或斜放,交叉叠放时,力求做到膝部以上并拢。

无论哪一种坐姿,都要自然放松,面带微笑。在社交场合,不可仰头靠在座位背上或低着头注视地面;身体不可前俯后仰,或歪向一侧;双手不应有多余的动作;双腿不宜分开过大,也不要把小腿搁在大腿上,更不要把两腿直伸开去,或反复不断地抖动。这些都是缺乏教养和傲慢的表现。

**2. 站姿**

站姿语就是通过站立的姿态传递信息的语言。从一个人的站姿可以看出一个人的状态。有很多人站立时喜欢用一只腿做支撑,有的人喜欢倚靠在什么东西上,这些都不是在正式场合运用的站姿,会让人感觉松懈、不礼貌。我们一定要注意挺身直立,目光平视,表现出愉悦、自信。

站立是人们生活、工作及交往中最基本的举止之一。正确的站姿是站得端正、稳重、自然、亲切。上身正直，头正目平，面带微笑，微收下颌，肩平胸挺，直腰收腹，两臂自然下垂，两腿相靠直立，两脚靠拢，脚尖呈"V"字形。女性两脚可并拢，肌肉略有收缩感。如果站立过久，可以将左脚或右脚交替后撤一步，但上身仍须挺直，脚不可伸得太远，双腿不可叉开过大，变换也不能过于频繁。站立时，如果全身不够端正、双脚叉开过大、双脚随意乱动，都会被看做不雅或失礼。

3.步姿

步姿或者说是走姿，就是通过行走的步态传递信息的语言。与坐姿语和立姿语不同，步姿语是动态的，所以要放到动态中来研究。

下面我们着重介绍步姿的类型。第一种是稳健自得型。行走的时候，步履稳健，昂首挺胸，仰视阔步，步伐较缓，步幅较大。这种步姿的含义就是"愉快、自得、有骄傲感"。第二种是轻松自如型。行走时心情放松，步子的幅度适中，步速不紧不慢，上身直立，两眼平视，两手摆动自然。这种步姿的含义就是"自如轻松，比较平静"。第三种是庄重礼仪型。行走的时候，上身挺直，步伐矫健，双膝弯曲度小，步姿幅度和速度都适中，步伐和手的摆动有强烈的节奏感，眼睛正视前方。这种步姿的含义就是"庄重、热情、有礼"。

## 用手势打出你的气势

人的手势真可谓是千变万化，每个手势都可以传达出许多信息。运用手势表达自己的意思和情感，需要掌握正确的要领。

手势是一种辅助语言。正确地认识手势，对于发挥手势的作用至关重要。

1.正确地运用手势传情达意

在社交中要善于运用体态语言，用手传情达意。例如，双手自然摊开，表明心情轻松、坦诚而无顾忌；紧攥双拳，表明怒不可遏或准备决战到底；以手支头，要么是全神贯注，要么是十分厌烦；迅速用手捂在嘴前，表示觉得吃惊；用手成"八"字形托住下颌，是沉思与深算的表现；用手挠后脑，抓耳垂，表明有些羞涩或不知所措；手无目的地乱动，说明很紧张，情绪难控；不自觉地摸嘴巴、揉眼睛，表明十有八九没说实话；双手相搓，如果不是天冷，就是在表达一种期待；咬手指或指甲，如果不是幼儿，那就表明在心理上很不成熟，涉世未深；双手指尖相对，支于胸前或下巴，是自信的表现；与人说话时，双手插于口袋，则显示出没把人放在眼里或不信任。

**2.日常交际中的几种手势**

（1）双臂横摆式。这种手势用于业务繁忙或宾客较多时。两手从身体过腹前抬起，双手掌心向上，双手重叠，两肘微屈，向两侧摆出，上身稍前倾，加上礼貌用语，如"女士们、先生们，里面请"等。

（2）直臂式。这种手势用来指引较远方向。手臂穿过腰间线，切忌不要高于腰间线，身体侧向宾客，眼睛要看着手指引方向处或客人脚前10公分左右，同时加上礼貌用语，如"您好，请跟我来"、"里边请"、"这边请"等。

（3）斜摆式。这种手势亦称双手斜式，一般用来引领宾客坐到座位上。当椅子在引领者左方时，左手在前，右手在后，双手掌心向上以肘为轴向椅子方向摆出，双肘微弯曲，左肘弯曲度小于右肘弯曲度，上体微微前倾，面带微笑说"请坐"。

（4）横摆式。这种手势用来指引较近的方向。一只手的手臂自然垂直，以臂肘为轴，小臂轻缓地向一旁摆出时要弯曲，与腰间呈45度角左右，另一只手下垂或背在体后，面带微笑，同时加上礼貌用语，如"请"、"请进"等。

（5）双臂竖摆式。这是一种信息提示手势。当面对众多宾客，而场面比较隆重，需向全场来宾发出某一信息时，可采用"双臂竖摆式"，这样才能使全场来宾都能看见。具体做法是：双手手指相对，由腹前抬至头的高度，再向两侧分开下划到腹部。

### 3.不同国家几种常见手势的含义

明确手势语在不同国家和地区的特殊含义，这有助于社交活动的顺利开展。

（1）举食指的含义。左手或右手握拳，伸直食指，在世界上多数国家表示数字"1"，在法国则表示"请求提问"，在新加坡表示"最重要"，在澳大利亚则表示"请再来一杯啤酒"。

（2）"V"形手势含义。食指和中指上伸成"V"形，拇指弯曲压于无名指和小指上，这个动作在世界上大多数地方表示数字"2"。而用它表示victory（胜利），据说是第二次世界大战时期英国首相丘吉尔发明的。不过，表示胜利时，手掌一定要向外，如果手掌向内，就是贬低人、侮辱人的意思了。在希腊，做这一手势时，即使手掌向外，如手臂伸直，也有对人不恭之嫌。

（3）举大拇指手势的含义。在我国，右手或左手握拳，竖出大拇指，表示"好"、"了不起"等，有赞赏、夸奖之意；在意大利，伸出大拇指时表示数字"1"；在希腊，拇指上伸表示"够了"，拇指下伸表示"厌恶"、"坏蛋"；在美国、英国和澳大利亚等国，拇指上伸表示"好"、"行"、"不错"，拇指左、右伸则大多是向司机示意搭车方向。

（4）"OK"形手势的含义。拇指和食指合成一个圈，其余三个指头伸直或略屈。在我国和世界其他一些地方，伸手示数时该手势表示数字"0"或"3"；在美国、英国表示赞同、了不起；在法国，表示数字"0"或没有；在泰国表示没问题、请便；在日本、缅甸、韩国表示金钱；在印度表示正确、不错；在突尼斯表示傻瓜；在巴西表示侮辱男人，引诱女人。

## 眼睛是气场中镶嵌的珍珠

眼睛是心灵的窗口，目光是人们交流情感的重要媒介之一。即使再会伪装的人，他的眼神也不能骗过所有的人。因此，千万别忘记眼睛和目光在社交中的妙用。

在人际交往中，眼睛的作用在于它能反映一个人的喜、怒、哀、乐等情感，反映他的思维活动。高兴时就"眉开眼笑"，忧愁时就"愁眉不展"，得意时就"眉飞色舞"，动心时就"眉目传情"，惊诧时就"瞠目结舌"，如此等等，不一而足。

可见，人的眼睛可以传递最细微的感情，传递许多用语言和手势无法准确表达的信息。通过眼睛，通常可以了解一个人的内心世界。

孟子说过，看一个人的人品正与不正，要看他的"眸子"。正直的人的目光是光明坦然的，不正的人的目光是怯懦而灰暗的。曾国藩也说过，一个人目光闪烁不定，这个人定非善类。

是的，一个人在社交中，要树立良好的形象，他的目光应该坦然、亲切、和蔼、有神韵。特别是和他人交谈的时候，目光应该注视对方，切忌躲躲闪闪，游移不定。在整个交谈的过程中，目光不能离开对方，眼神要专注、温和、热情。相反，假如他在和你交谈时眼睛躲躲闪闪、游移不定，那么，你心里就会很不舒服，这样的谈话你肯定一秒钟也不想进行下去。

眼神是一种在社交中通过视线接触来传递信息的表情语言。人们历来重视眼睛对行为所产生的巨大影响。以下几点应引起你的注意：

不要斜视对方，那是一种轻蔑与无礼的表现。

不要目不转睛地聚焦于对方脸上某个部位，那会使对方感到有一种巨大的压力，尤其是异性。

不要目光呆滞，那会使人感到你迟钝木讷，漫不经心。

不要眯着眼看人，那会使人引起性的联想，特别是对于来自西方的异性。

不要总是与对方的目光对峙，那意味着相互间的激烈交锋与对抗。

社交场合最受欢迎的眼神应该是智慧、诚恳、明亮、平静、友好、坦然、专注、坚定的眼神，社交场合忌讳的眼神是挑逗、仇恨、轻佻、卑琐、轻蔑、奸诈、愤怒、凶狠、阴沉、游离、茫然的眼神。

总之，一双真诚而热情的眼睛能够拉近双方的心理距离。眼睛会说出人们内心深处的话，充满善意的眼睛不一定是一双美丽的大眼睛，但只要真诚，同样可以赢得人们的好感，让人终生难忘。我们要在加强自己内在修养的同时，还应学会用眼神来表达自己的独特气质和展示自己独有的魅力。

## 平常的鼻子上气象万千

鼻子的动作虽然轻微，但也能反映人的心理变化，就是说，鼻子也有"表情"。在谈话中，人的鼻子稍微胀大时，多半表示得意或不满，或情感有所抑制。鼻头冒出汗珠时，表示心理焦躁或紧张。鼻孔朝着对方，表示藐视对方。鼻子坚挺的人性格坚强，决定的事情一定会做到。摸着鼻子沉思，说明正在想办法，希望有个权宜之计解决眼前的问题。

有位研究身体语言的学者，为了弄清这个鼻子的"表情"问题，专门作了一次观察"鼻语"的旅行。他在车站观察，在码头观察，在机场观察。他旅行了一个星期，观察了一个星期，得出两点结论：

第一，旅途是身体语言最丰富的表现区域。因为各种地区、各种年龄、各种性别、各种性格的人汇集在一起，而且都是陌生人，语言交流很少，但心理活动又很多，所以，大量的心态都流露于身体语言。他说："旅途是身体语言的试验室。"

第二，人的鼻子是会动的。鼻子是无声语言的器官。根据他的观察，在有异味和香味刺激时，鼻孔有明显的收缩动作，严重时，整个鼻体会微微地颤动，接下来往往就出现"打喷嚏"现象。他认为，这些"动作"都是在传递信息。此外，据他观察，凡是是高鼻梁的人，多少都有某种优越感，表现出"挺着鼻梁"的傲慢态度。他说，在旅途中，与这类"挺着鼻梁"的人打交道，比跟低鼻梁的人打交道要难一些。

根据一位日本籍整形医生的临床经验："某人一旦接受了隆鼻手术，以往那些性格内向的人，常会摇身一变而为倨傲之人。"

在一本小说中，有一段关于鼻子动作的描写。书中的男主角看到一位漂亮的小姐，为了显示他与众不同的吸烟法，他向空中吐着烟圈，然后烟圈飘向那位小姐。小姐没说什么，只是伸手捂了一下鼻子。男主角便问道："你讨厌烟味吗？"那位小姐没有应答他，只是继续捂着鼻子。

其实，用手捂鼻子的身体语言已经表达出了她的厌恶之情，遗憾的是，那吸烟者竟没看出来，反而去问一个不该问的问题。这样做自然要碰钉子。

另外，有的研究资料主张把用手捏鼻子的动作归为鼻子的身体语言，而不是手的身体语言。再就是，若某人仰着脸，用鼻孔而不是用眼睛"看"人，这跟用手捂着鼻子一样，是要表达反感的情绪。

在旅途中，碰到有这些姿势的人，要尽量少与他们打交道。譬如：请他人帮助做某件事情时，倘若对方作出用手摸鼻子的动作，或是用鼻孔对着你"看"，这应该视为他接受请求的可能性不大，或者说是拒绝的表示。

因此，跟讨厌的人迫不得已而交谈时，如果想尽快结束无谓的话题，不妨用手接二连三地摸鼻子。

## 魔鬼有时就藏在细节里

举止是与风度密切相关的，只有做到举止文明，才能礼貌周到，才能尽显自己的风度。

在与人交往的过程中，特别是与人交谈时，应避免以下不文明的举止。

1.翘头摸脑

在交谈中下意识地翘头摸脑是一种不文明的举止。这种不自然的动作既不卫生，又显得你过于局促与怯场，它能导致他人看不起你，认为你缺乏社交经验，不懂礼貌，不善言谈。

2.抖动腿脚

抖动腿脚或许能使你消除紧张情绪，但这是一种很不文明的举止，它会使人感到你是一个缺乏自信的人。而且，抖动腿脚还会带动桌椅一起抖动，让人反感。

3.抠鼻揉眼

在社交场合，抠鼻揉眼是不文明的举止，它不但容易给人一种感官上的负面刺激，还会让人感到你很傲慢，不拘小节，不懂礼貌。

4.距离不当

在与人交往时，还应该注意彼此的距离。距离过近或过远都有失礼貌。距离过远，会使交谈者误认为你不愿意与之接近，嫌恶他；距离过近，稍有不慎就会把唾液溅到别人脸上，把口中或身上的异味传给他人，令人生厌。如果对方是异性，还会使之戒备，甚至被他人误会。

那么，与人交谈时保持怎样的距离才合适呢？这要根据不同的情况来确定。一般来说，人们的交谈形式大致可分为亲密式、交流式、敞开式三种。交谈的形式不同，应保持的距离也就不同。

（1）亲密式交谈。亲密式交谈是亲密者之间交谈采用的形式，交谈者双方可能是至爱亲朋，也可能是热恋中的情人。交谈双方相当随意，谈的内容有些甚至是不可告知他人的隐私。因此，交谈的声音一般很小，范围只限于交谈者之间，是纯粹的悄悄话。这种形式的交谈距离完全由交谈者自己掌握。

（2）交流式交谈。交流式交谈是两个人交谈的形式，交谈的对象是唯一的，可能是你的同事、上级、客人，也可能是谈判对手、生意上的伙伴。这种形式的交谈大多有确定的主题，交谈者需要听清对方谈话的内容，并随时作出反应。这种形式的交谈适合的距离是1米以外、3米以内。这样的距离既能正常地交流信息，又能使对方感到一种亲切的气氛，同时又保持了一定的社交距离。

（3）敞开式交谈。敞开式交谈是一个人同时与多个人交谈的形式，交谈的对象随意、不确定，可以是就某一问题高谈阔论，也可以是交谈者之间兴之所至的随便闲谈。谈话内容不保密，声音以在场者听到为宜。因为这是一种即兴式的交谈，所以参与者对距离的远近不十分计较，以不影响正常的信息交流为限。

### 5.装腔作势

男士的潇洒不是故作姿态、装腔作势，而是要在交际中自然大方、谈笑自若。在正式的社交场合，作为主人的男士，其作用很重要，他往往是社交活动成败的关键。他要热情地接待每一位来访者，特别是要主动招呼女客人，要与之交谈，把她们介绍给大家，有时还要主动有礼貌地邀请她们参加舞会等活动。对于来访的长者，男主人要起立迎接并扶之入座。对于其他来客，相见时要握手问候，分别时要礼貌道别。

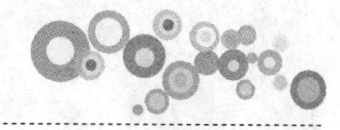

## 第9章
### 微微一笑气场生辉,让世界为你的笑容倾倒

如果你的气场自信淡定,你散发出来的气势就会随意自然,使人轻松;但若你拘谨、羞涩,给人的感觉就会是忸怩作态的。可以说,微笑是气场的名片,因此,当你高兴时需要张开嘴,大声开怀地笑出来,与大家同乐。但有时却要将笑容隐藏在内心深处。这是一门重要的学问,视场合而定。在人际交往中,有的笑容需要感染力,既感动自己,又感染别人,而有的只能会意地微笑。

## 世界为你的灿烂笑容倾倒

微笑具有一种神奇的魅力，可以令你振作精神。当你向别人表达你的善意和友好时，彼此就容易建立信任，而你也就很容易达到你的目标、得到你想要的。

微笑留住了顾客，促成了生意，微笑也给推销员带来了好运。不要吝惜你的笑容，它是打开心扉的一把钥匙，令你在最短的时间与客户建立良好的关系，使他们乐于接纳你。

微笑是人类宝贵的财富，是自信的标志，也是礼貌的象征。微笑具有震撼人心的力量，同时它会为你赢得事业上的成功。

威廉·怀拉是美国推销人寿保险的顶尖高手，年收入高达百万美元。他的秘诀就在于拥有一张令顾客无法抗拒的笑脸。那张迷人的笑脸并不是天生的，而是长期苦练出来的。

威廉原来是全国家喻户晓的职业棒球明星，到了40岁因体力日衰而被迫退休，而后去应征保险公司的推销员。

他自以为以他的知名度理应被录取，没想到竟被拒绝。人事经理对他说："保险公司的推销员必须有一张迷人的笑脸，而你却没有。"

听了经理的话，威廉没有气馁，立志苦练笑脸。他每天在家里放声大笑百次。邻居都以为他因失业而发神经了。为避免误解，他干脆躲在厕所里大笑。

经过一段时间练习，他去见经理，可经理说："还是不行。"

威廉并不泄气，仍旧继续苦练。他搜集了许多公众人物迷人的笑脸照片，贴满屋子，以便随时观摩。

为了每天大笑3次，他还买了一面与身体同高的大镜子摆在厕所里。一段时间后，他又去找经理，经理冷淡地说："好一点了，不过还是不够吸引人。"

威廉不服输，回去加紧练习。有一天，他散步时碰到社区的管理员，很自然地笑着跟管理员打招呼，管理员对他说："怀拉先生，你看起来跟过去不大一样。"这句话使他信心大增，立刻又跑去见经理，经理对他说："是有点味道，不过那仍然不是发自内心的笑。"

威廉不死心，又回去苦练了一段时间，终于悟出"发自内心如婴儿般天真无邪的笑容"最迷人，并且练成了那张价值百万美元的笑脸。

当你笑时，一定要记住，微笑要发自内心并且充满活力。不真诚、不自然、假装和心怀叵测的笑容，不但不会为形象增光，还会破坏原来坦然的形象。真诚的微笑，让人能看到你的真挚情感。没有人会喜欢"皮笑肉不笑"的虚情假意，那只会让人更讨厌你。

在商业交往中，微笑具有极大的作用，尤其在服务行业，微笑的作用更被夸到了极致。人们认为"微笑服务"能使顾客盈门、生意兴隆、招财进宝，而事实确实证明了这一点。有谚语说："一家无笑脸，不要忙开店。"

## 微微一笑气场生

在人的面部表情中，除眼神以外，最动人、最有魅力的就是微笑。微笑，在人际交往中是人际关系的黏合剂，是"参与社交的通行证"，也是待人处世的法宝。

世上多一分微笑，人间少一分争吵；脸上多一分微笑，心头少一分烦恼；家庭多一分微笑，生活多一分美妙；夫妻多一分微笑，恩爱多一分情调；服务多一分微笑，财源多一条渠道。微笑，是无穷的给予；微笑，是处世的法宝。在社会交往中，人的微笑有一种天然的吸引力，能使人相悦、相亲、相近，能有效地缩短双方的心理距离，营造融洽的交往氛围。与人初次见面，友好微笑，可以消除双方的拘束感；与朋友见面打招呼，点头微笑，显得和谐融洽；洽谈达成协议，会心一笑，能消除芥蒂，增进友情；婉拒他人，淡然一笑，近情近理，不让对方难堪；与亲友话别，倾心一笑，情谊浓浓，意味深长。可以说，微笑是社交成功的催化剂。

### 1.微笑是一种礼节

人们的交往一般是从微笑开始的。"面带三分笑，礼数已先到。"微笑是善意的标志，友好的使者，礼貌的表示。在人际交往中，微笑是送给他人的最好礼物。无论是熟人相见还是萍水相逢，只要慷慨大方地把微笑适时适度地奉献给对方，对方就会感受到你待之以礼的盛情和美意。微笑在各种人际交往中，是不可缺少的对人表示尊敬、友善、欢迎和赞赏的表情语言，是不要翻译的"世界通用语"。因而，可以说，微笑是礼仪的基石，也是一个人礼仪修养的展现。

### 2.微笑能美化自我形象

有一位哲人说过：微笑是一个人最美的神态，长得再丑的人，只要一露出真诚的笑容，就会一下子变得漂亮。作为一种表情，微笑不仅是外在形象的表现，也往往反映出人的内在精神状态，有着丰富的内涵。微笑是心理健康的标志，因为只有心情愉快、开朗坦荡、心地善良的人，才会笑口常开，对人发出真诚的微笑。微笑是自信的象征，一个奋发进取、乐观向上的人，一个对本职工作充满热情的人，总是微笑着面对生活，面对社会，始终充满自信的力量。

### 3.微笑能消除误解和隔阂

微笑的魅力，还在于它能拨动对方的心弦，架起友谊的桥梁。它就像一双温柔的手臂，伸展它能驱散阴云，消除误解、疑虑和隔阂。"度尽劫波兄弟在，相逢一笑泯恩仇。"（鲁迅《题三义塔》）正所谓"眼前一笑皆知己，举座全无碍目人"。

### 4.微笑表情的规范要求

高占祥的《微笑》一诗还写道：

高山喜爱青松，大海喜爱波涛，鸟儿喜爱蓝天，人间喜爱微笑。

然而，我们需要的是——纯洁的微笑／温柔的微笑／和善的微笑／真诚的微笑。

我鄙视那种——装腔作势的假笑／冷漠轻浮的阴笑／得意忘形的狂笑／低俗的皮笑肉不笑。

我厌恶那种——幸灾乐祸的讥笑／放荡不羁的浪笑／狐假虎威的淫笑／笑里藏刀的奸笑。消除这些笑的垃圾，才能露出纯净的微笑。

作为礼节的微笑，自有其动作要领：

一要额肌收缩，眉位提高，眼轮匝肌放松；

二要两侧颊肌和颧肌收缩，肌肉稍隆起；

三要面两侧笑肌收缩，并略向下拉伸，口轮匝肌放松；四要嘴角含笑并微微上提，嘴唇似闭非闭，以不露齿或仅露不到半牙为宜。

据心理学家研究，笑有180种。即使是微笑也因人而异，夫子"莞尔而笑"、美人是"嫣然一笑"、杨玉环则是"回眸一笑"。不同的人，因气质、修养不同，微笑时的神情也不一样。但有一点是相同的，这就是微笑不仅用面部肌肉，还得用心，要让微笑从心底发出。"笑出于心，方见其真"，"乐然后笑"，这样才笑得自然、真诚、热情、友善。并且注意声情并茂、气质优雅、表现和谐，使眉、眼、口、鼻、神情、姿势能协调行动。当然，笑也有禁忌，不可假笑、阴笑、冷笑、怪笑、窃笑，以及皮笑肉不笑，因为，这些笑只能把社交气氛破坏殆尽。

## 让微笑潜入他人心灵

微笑是语言谈吐中最常见的礼仪，是待人接物中最基本的礼仪规范。这种轻微的不出声的笑容出于内在的力量和自信，出自内心对对方的尊重和自尊，它是打开成功交往的一把金钥匙，是化解矛盾和冲突的神奇力量，是社交成功的重要因素。

微笑，实际上是一种社交手段。在交际过程中，不管对方语气如何咄咄逼人，只要一方以微笑面对另一方，就不会引起"面红耳赤"或"暴跳如雷"的结果。俗话说：举手不打笑脸人。这种微笑，并无攻击对方之意，还有助于缓和矛盾。在交往中，微笑是打破僵局的手段，是化解僵局的手段。

微笑是尊重他人感情的需要。微笑可以表现出温馨、亲切的表情，创造出交流和沟通的良好氛围，并能给对方美好的心理感受，从而也尊重了对方的感情，微笑不仅是一种外化的形象，也是内心情感的写照。

微笑是人际交往中的润滑油。在工作过程中，轻松友善的微笑，来自每位员工敬业、勤业以及乐业的精神，有了这种精神，才会有真正的微笑。在社交中，我们以微笑开始，以微笑结束，才会赢得顾客的赞赏，获得良好的声誉，为事业的成功打下基础。

**1.微笑的基本要求**

微笑要真诚，要发自内心。虚伪的假笑、牵强的冷笑只会令对方感到别扭和反感。

微笑要甜美。这种表情由嘴巴、眼神及眉毛等方面来协调完成。

微笑要有尺度，即热情有度。在交际中突然哈哈大笑，表情过于夸张，不仅让对方感到不自然，而且会令对方莫名其妙。另外，微笑加上得体的手势会更自然、大方、得体。

**2.训练微笑的方法**

（1）笑不露齿。即嘴角两端稍稍用力向上拉，使两端嘴角向上翘起，让唇线略成弧形，在不牵动鼻子、不发出笑声、不露出牙齿的前提下，微微一笑。

（2）借助技术辅助。我们在训练时，经常念到一些词、字，正好是微笑最佳的口型，如"钱"，英文字母"C"、"V"等。

## 成功者的微笑与微笑着成功

要在衣饰装扮中取得突破，绝非一日之功。大的方向明确了，细节上的补充就取决于我们在日常生活中的修炼。杂志上的潮流，商场里的热点，社交场合中的主流，都可以给我们提供丰富的信息，让我们不与社会脱节。

在穿着上无懈可击之后，就已经具备了成功者的外形了？不，这里面还差的一点是，我们的姿态表情是否与自己的衣着相衬。生活中不乏一些穿了高档的西装而缩手缩脚的人，穿了轻松的休闲装而一脸苦恼的人，糟蹋了衣服不说，更是糟蹋了自己的形象。

人类的表情丰富，千变万化，但对正处于上升期的奋斗者来说，最具代表性的表情符号，是微笑。

在传统社会，一些位高权重的人，讲究表情庄重严肃，所以那些帝王将相的画像，多是一张没有任何表情的木瓜脸。让人望而生畏的，才算是修炼到家。而下层小民则不然，他们上山打柴，下河摸鱼，都是一副笑嘻嘻的模样，是一种吃饱穿暖之后，天下再无大事的满足。现代社会，却完全相反。这里是成功者的天堂，只有那些对这个世界有把握的人，才会笑得志得意满。在2007年的《福布斯》排行榜上，拥有迪奥、路易威登、纪梵希等众多著名品牌的法国富豪贝尔纳·阿尔诺，笑得像一匹看见猎物的老狼；谷歌的创始人谢尔盖·布林和拉里·佩奇，笑得像两个逃学成功的顽童；澳门赌王何鸿燊笑得豪放，中国内地民营企业的"长青树"鲁冠球笑得含蓄，东山再起的史玉柱笑得傲气。同时，美国的总统在微笑，中国的政府首脑在微笑，即使当年萨达姆·侯赛因在法庭上，也会微笑着面对电视镜头。他们脸上的笑容，是强势、胜利的标示，宣示着自己的主导地位。

市井间的小人物，就没有这份信心了。

工作、职位、房子、爱情，各种压力一轮接一轮，使得他们心浮气躁，几乎忘了微笑是怎么一回事。你可以留意一下周围的人，公交车上、办公室里，甚至是公园和影剧院，在一百人之中，至少有一大半，他们的脸孔是绷得紧紧的。

大家都忘记了怎么笑的时候，笑容满面的表情就显得异常可贵。有很多窗口行业提倡微笑服务，把笑容当做一种商品来经营。当人们看到飞机上的空姐或者商业银行的职员亲切的微笑时，心情就会舒展，淡化了许多因烦躁而带来的是非。其实生活中很多事不必急吼吼地去办，效率与微笑并不冲突。

余立新，出生于20世纪70年代，现为沐泽电脑公司的总经理。

余立新使沐泽电脑公司从北京中关村四海市场中一个仅有8平方米大的小门脸，"演变"成为今天国内十大知名PC个人计算机品牌之一。

创业之初，沐泽电脑公司只有8平方米大小，和四通、联想等公司挤在一个院子里。余立新的优势就是她的亲和力，她把店面收拾得干净整洁，以微笑面对顾客，从内到外，都给人一种从容淡定的感觉。客人愿意来，企业就有机会，沐泽电脑公司当时的环境不好，但生意却不错。

对待员工，余立新也把她的亲切感发挥得淋漓尽致。她亲自招聘每一个员工，与他们建立深厚的友谊。下班开着车跟员工一起去送货，每天都很开心，唱着歌去，唱着歌回。

能在企业正规化的过程中添加些感性的东西，在余立新看来，是完全可以的，而且，余立新也这样做了。

余立新用一个女人特有的方式在管理着她的公司，取得了属于自己的成功。

和蔼可亲的表情、言语会给人带来好运。一个人成功与否并不在于你拥有什么，你是谁，你处于何种地位，你在做什么。只要你笑口常开，和善待人，就能获得别人的信任和爱戴。越是急着发展，急着赚钱，越不能一脸急切与苦恼地面对这个世界。你的浮躁落在观者的眼里，就是没有底气、没有心力的表现。

以上面的思路垫底，笑容与个人价值之间的关系不难把握。现代社会，重视自由和选择，而微笑是一种重要的凝聚力，也是成功者的代表符号。如果你抬杠，硬说是他成功了，所以他在笑，你站在那个位置上，会笑得比他还要从容优雅。那么，我们再来看一下当初的弱女子余立新，在8平方米的小屋里，她不急不躁，微笑着打下自己的江山，这就是气度。

成功者的笑脸，即便不形之于外，那心里的微笑和坦然也会自然而然地流露出来，成为一个人表情的基调。在我国传统的相术中，面团团、笑眯眯的容貌被称为"福相"，而那种低眉耷拉眼的苦瓜脸，必为贫贱无疑。这种说法有点理论基础，和气才能生财，整天怨天尤人、无精打采的人既没人气也没有运气。

一个人的表情，和他身上的衣饰一样，会把他的信息在第一时间传播开来，带来强烈的个人色彩。如果说服饰的品质和款式，代表着一个人在现实中的身份，那么微笑就是他的另一种标杆，代表着他可能拥有一个明朗的发展前景。

# 第10章
## 小幽默大气场,懂幽默的人成为处处受人欢迎的人

气场的类型分很多种,无疑,幽默的气场是最受人欢迎的。幽默是一种魅力,也是一种人格力量。幽默之所以具有魅力,是因为它能使人随和亲切,帮助缩短人们之间的距离。具有幽默感的人大多善解人意、乐于助人、与周围人的关系和谐融洽。因为幽默是人际关系的润滑剂,使人与人之间团结和谐;幽默是兴奋剂,使人际交往更加活跃更加热情;幽默还是显示器,向别人显示自己的友爱与和善。幽默所隐示的特性是逗人快乐,所隐示的能力是感受有趣的人和事、制造愉悦的气氛。对个人而言,具有幽默气场的人往往比不懂幽默的人更具有吸引力和凝聚力。

第10章 小幽默大气场，懂幽默的人成为处处受人欢迎的人

## 懂幽默的人更受人欢迎

在社交场合，由于自己的不慎，有时人们会使自己处于比较难堪的境地，或者我们遇到了缺乏教养的人、不怀好意的人、对我们有敌意的人，致使我们陷入比较尴尬的困境。在这种情况下，如果抽身而退，固然可以逃离困境，但当了逃兵，总是不光彩的，也会给自己日后的社会交往带来消极的影响。

有经验的人会告诉我们，遇到这种情况，只有自己才能救自己。用自己的幽默口才来展示自己的智慧，三言两语就能使自己摆脱困境，维护自己的尊严，给对方以有力的回击，从而把自己的人格魅力也充分展现出来。

林肯长相很普通，有一次在一个公开场合，有人对林肯说："你长成这个样子，还出来干什么？不如躲在家里别出来。"

这话自然是很不礼貌的，但林肯只是淡淡一笑，回答道："很抱歉，我这是身不由己。"

"身不由己"是就他的长相来说的，天生如此，他也没有办法。大家听了，都笑了起来，难堪的局面就这样化解了。

号称"无冕之王"的记者是非常擅长给名人们制造麻烦的。有许多名人面对记者的刁钻提问，常有无法下台的烦恼。如果应对不慎，就会使自己的形象大受影响，这是显而易见的。但那些充满智慧和才学的名人却八仙过海，各显神通，给我们留下了不少风趣的故事，也给我们留下了许多有益的启示。

相声大师侯宝林到美国去访问，美国记者自然不会放过他，提出了一个很刁钻的问题来刁难侯宝林："里根是演员，当了美国总统，你也是演员，你在中国也可以像里根这样吗？"

这个问题可不好回答，既不能答"可以"，也不能答"不可以"，只见侯宝林稍一思索，就回答道："我和里根不一样，他是二流演员。"

侯宝林的回答妙不可言，既回避了简单的"是"与"否"的回答，又充分肯定了自己的演艺才能，含而不露，令对方无懈可击。

类似这样的难堪局面总是突如其来，让人无法提前加以防范，但幽默感强的人却往往能轻松过关，并给我们留下了许多逸闻，令我们津津乐道。

著名诗人普希金也曾遇到过类似的难堪场面，但他同样用自己的幽默地机智化解了。

那还是他年轻时候的事，那时他还没有出名。一天，他在彼得堡参加一个公爵家的舞会，当他邀请一个年轻漂亮的贵族小姐跳舞时，那个小姐竟对他不屑一顾，冷冷地对他说："我是不会和一个小孩子跳舞的。"

这话令普希金很难堪，但他没有生气，而是微笑着对那个小姐说："对不起，亲爱的小姐，我不知道您正怀着孩子。"

说完，普希金很有礼貌地向那个小姐鞠了一躬，然后离开了舞厅。

普希金用自己的幽默回击了贵族小姐的傲慢无礼，保住了自己的面子，使自己在社交场合赢得了胜利。

类似的事情还发生在萧伯纳身上。

有一天，一个社会地位显赫、狂妄自大的太太向萧伯纳发出了请帖，想邀请萧伯纳到家里做客。

请帖是这样写的："星期四下午四点到六点，我将在家。"

萧伯纳对她一向是敬而远之的，绝对不会前去拜访她。于是，他在请帖底下添上简短的一行字："我也一样。萧伯纳。"然后就派人将请帖给那位太太送了回去。

不明着拒绝对方的邀请，而是声明自己也将像对方一样待在家里，拒绝赴约的意思已经一目了然了，这样的幽默同样显示了萧伯纳在社交场上的智慧。

在各种不同的社交场合，迅速摆脱自己所处的不利处境，活跃气氛，赢得尊重，都是离不了幽默的独特作用的。由于社交中突如其来的事情比较多，许多不曾预料的情况会发生，因此，要想使自己在社交中成为明星，是必须有过人的智慧和极其敏锐的反应能力的。

俗话说："要在游泳中学会游泳。"同样，人也只有在社交中才能学会社交，在幽默中才能学会幽默。大胆地去实践吧！不经过实践的检验，人们就无法把自己的幽默运用得更纯熟，就无法通过社交为自己拓宽生活的道路。

## 善谈者必善幽默

幽默是一个人的学识、才华、智慧、灵感在语言表达中的闪现，是一种善于捕捉笑料和诙谐想象的能力，是对社会上的种种不协调及不合理的荒谬现象、弊端、矛盾实质的揭示和对某些反常规言行的描述。

在通常情况下，真正精于谈话艺术的人，其实就是那些既善于引导话题，同时又善于使无意义的谈话转变得风趣的幽默者。这种人在社交场上往往如鱼得水，左右逢源，可算做社交中的幽默大师。单调的谈话令人生厌，因此，善谈者必善幽默。但这种幽默，并不意味着可以将一切事物都拿来打趣。如宗教、政治、人物以及某种令人同情的境遇等，都是绝不能加以取笑的。而在有的人看来，如果说话不够幽默，便不足以显示自己的聪明，这种想法又不免有些偏激。

美国心理学家保尔·麦基认为，幽默感对于人的社交能力的发展起着举足轻重的作用。

幽默语言可以使我们内心的紧张和重压释放出来，化做轻松的一笑。在沟通中，幽默的语言如同润滑剂，可有效地降低人与人之间的"摩擦系数"，化解冲突和矛盾，并能使我们从容地摆脱沟通中可能遇到的困境。

在社交中，谈吐幽默的人往往容易取胜，没有幽默感的人往往会失败。在交际场合，幽默的语言极易迅速打开交际局面。

善于谈话的人，有时候为了需要常拿自己开开玩笑。

美国著名律师迪特是一位善于开自己的玩笑的人。有一次，哥伦比亚大学校长在迪特登台演说时，先将他介绍给听众："他算得上是我国第一位公民！"迪特似乎很可以立刻抓住这个难得的机会，大模大样地开玩笑说："诸位静听，第一位公民要开始演讲了。"但是他如果真那样做，便是一个普通人了。

那他该如何说呢？他不仅要利用这个介绍词幽默一下，并且还要从中获得听众的好感。他说："刚才校长先生说的一个名词，我起初有些听不太懂。第一位公民是指什么呢？现在我才想到，大概他是指莎士比亚戏剧中常常提到的公民。校长先生一定是研究莎氏戏剧极有心得的人，他替我介绍时，一定又在想他的莎氏戏剧了。诸位听众一定知道莎士比亚常常把许多公民穿插在他的戏剧中，这些配角每人所说的话大都只有一两句，而且多半是毫无口才，没有高明见识的人。但他们差不多都是好人，即使是第一、第二的地位交换一下，也根本不会显示有何不同之处。"话未说完，台下便响起了潮水般的掌声。

## 培养幽默气场的几种方法

许多人不懂幽默，也更不会运用幽默。对没有幽默细胞的人来说，没有幽默的生活是非常单调的。怎样才能让自己像别人一样轻松表达幽默呢？一般来说，幽默有下面几种表现方法。

**1.妙语双关，言此意彼巧调侃**

双关可以分为两大类，即语义双关和谐音双关。

（1）语义双关。语义双关即利用词语的多义性，使之言在此而意在彼，如雪屏先生的《幽默对联》中所载的下面这个故事。

宋朝有个纨绔子弟，以"诗才"自居。他听说欧阳修吟诗作赋如行云流水，就想找欧阳修比试高低，于是携着几册唐诗就上路了。途中，他看见路旁有一株枇杷树，长得特别古怪。顿时诗兴大发，吟诵起来："路旁一古树，两个大丫杈。"但吟完这两句就再也吐不出词了。

欧阳修正好路过这里，就给他续了两句："未结黄金果，先开白玉花。"

"诗才"听了不由得点头称赞。于是二人结伴而行。路过河边，"诗才"又吟道："远看一群鹅，一棒打下河。"吟罢两句，又没词了。

欧阳修笑了笑，续道："白翼分清水，红掌踏绿波。"

"诗才"拱手道："好，想不到你也会来两句，我们一起去拜访欧阳修吧！"

于是二人来到渡口，上了小舟，"诗才"又诗兴大发："诗人同登舟，去访欧阳修。"

欧阳修哈哈大笑："修已知道你，你却不知修。"

这个"修"字明说的是欧阳修，却含"羞"的意味，双关的幽默确实高明。

另有一个故事。

南宋的张俊贪财好利。有一次，宫中的优伶为皇上演戏，扮作一个善于看天象的术士。他说："人世间的贵人，必定应合天象，如果用浑天仪来观看他们，就只能看到星星看不到人。现在没有浑天仪，可以用一枚铜钱代替。"

让他看皇上，他从钱孔一看，说："这是帝星。"

看秦桧，说："这是相星。"

看韩世忠，说："这是将星。"

轮到看张俊,说:"看不见星。"

大家大吃一惊,叫他再看一遍,术士说:"到底还是看不见星,只见张王坐在钱眼儿里。"刹那间,逗得满座哄堂大笑。

宫中优伶所表演的节目意在讽刺张俊的贪财好利,节目的关键在最后一句,"只见张王坐在钱眼儿里",这也是一语双关。

双关集明与暗、藏与露于一个词语之中,它蕴涵着说话人的语言智慧。从信息接收方面看,听者需要借助于语境去悟说话人的言外之意。当顺利地由词面意义转入词里意义时,便会由衷地产生解码成功的欣喜快慰之感。

(2)谐音双关。谐音双关即利用语音相同或相近的特点,使某一词语字面上在说此,用意上却指彼。

清代《笑林广记》第一卷有一则《田主见鸡》的笑话。

有一个富人,将家中好几亩多余的田租给张三种,每亩索要一只鸡。张三把鸡藏在背后,富人就沉吟着说:"这田不租给张三种。"张三连忙将鸡献出,富人接着又说:"不给张三又给谁?"

张三说:"你先说不租给我,后又说租给我,这是为什么?"

富人说:"当初是无稽(鸡)之谈,后来是见机(鸡)行事。"

无稽之谈的"稽"和见机行事的"机"与"鸡"都是同音字,在这特定的语言环境里作两种理解都可以。

梅贻琦任清华大学校长的时间很长,而清华大学从1911年开办时起换了十几任校长,有的只做了几个月,有的还没上任就被学生倒掉了。

有人问梅贻琦:"怎么你做了这么多年?"梅贻琦笑道:"大家倒这个,倒那个,就是没有人愿意倒霉(梅)吧!"梅贻琦对于别人问他怎么做了多年的清华大学校长,巧妙地利用了"倒霉"与"倒梅"这一语音上的相同之处,一语双关,避免了自我欣赏、自我褒奖,显示出谦逊和幽默的品格。

**2.偷梁换柱,避实就虚生妙趣**

偷梁换柱的幽默口才就是把概念的内涵作大幅度的转移、转换,使预期的目的偏离方向，从而产生意外的效果。偷换越是隐蔽，概念的内涵就越有差距，幽默的效果就越强烈。例如，可以先看下面的例子。

老师："今天我们来教减法。比如说，你哥哥有五个苹果，你从他那儿拿走三个，结果怎样？"孩子："结果嘛，结果他肯定会揍我一顿。"

孩子的回答把老师的话语概念巧妙地偷换了。老师所问的"结果怎样"，是指还剩下多少苹果的意思，属于数量关系的范畴，可是孩子却把它转移到与哥哥的关系上。

又如，再来看几个这样的例子。

甲："你说踢足球和打冰球比较，哪个门难守？"

乙："我说什么门也没有后门难守。"

这是把球门这个具体的有形的门，一下子转移到无形的、本质完全不同的抽象的门上去了。

再如：

"先生，请问怎样走才能去医院？"

"这很容易，只要你闭上眼睛，横穿马路，5分钟以后，你准会到达的。"

本来人家问的是如何正常地到达医院，并没有涉及受了伤被送到医院去，可是回答却扯到你只要故意违反交通规则就会受伤，而受伤的结果自然是被送到医院，回答虽然仍然是到医院，却完全违背了问者的意愿。

这好像是完全在胡闹，甚至有些恶作剧之嫌，可是，为什么人们还是把它当成一种精神上的享受而加以品味呢？

这是由于问的一方对所使用的概念有一个确定的意思，这个意思在上下文中是可以意会的，因而是不必用语言来明确规定的。任何语言在任何情况下都有不言而喻的成分，说话的人与听话的人是心照不宣的。没有这种心照不宣的成分，人们是无法讲话的。因为客观事物和主观思想都是无限丰富的，要把那种心照不宣的成分都说清楚，如果不是绝对不可能，就

是太费劲了。

例如,当你向运动员发问什么门最难守时,你得赶紧声明说是具体的有形的运动中的一个专门防守的,那种只有门框而没有门扇的门,那种门与我们通常嵌在墙壁中可以自由开关的门不同,与我们常说到的走后门的"门"的意义也不同,是游戏比赛用的那一种不完全是门的门。这样也许是比较严密了,但却把本来简单的话变成了难以忍受的灾难。

事实上这完全不必要。在具体的语言环境中,人们并不需要像科学家那样对每一个重要概念都给以严密的定义,明确规定其含义和外部的范围。人们完全凭着互相的心领神会来进行交流,因而发问者并不需要详细说明自己所用的概念的真正所指,对方也完全能心有灵犀,一点即通。因此,发问者完全可以预期对方在自己的真正所指的范围内作出反应。

但是,幽默的回答却转移了概念的真正所指,突然打破了这种预期。预期失落也就产生了意外,而幽默感也就随之产生了。

### 3.别解词义,牵强附会显风趣

日本议会的成员中有一位相当著名的议员,绰号叫"独眼龙",此人很爱讲话,每次开会都滔滔不绝地说个没完,别人插不得话,只有听的份。

一次,有个议员实在受不了了,便举手说:"世界如此复杂,我们两只眼都看不清楚,何况你只有一只眼睛!"

谁知这位"独眼龙"老兄不愠不火地回答说:"你先请坐下,听我说明,尽管国际形势变幻莫测,本人却可以一目了然!"

"一目了然"本来是指"一眼就能看清楚",但在这里的意思却变成了"一只眼睛看得清清楚楚"。这位议员运用别解,幽默风趣地化解了别人的嘲弄。

某人刚三十岁,就已经开始谢顶,但他不以为然,摸着自己空前绝后的脑袋,对妻子说:"我这就叫聪明绝顶。"

妻子不以为然地反驳道:"照你这么说,凡是剃了光头的都是聪明人喽?"

"那不是,那是自作聪明。"

"绝顶"本来是"极端,非常,到了顶点"的意思,但在这里却是"头顶没有头发"的意思,"聪明绝顶"仿佛还有因果联系,因为聪明,所以就头顶上没头发了。

根据别解特点的不同,可以把它分为附会式别解和返原式别解两类。

(1)附会式别解。附会式别解即将一个词语的意思牵强附会地别解为另一个意思,如复旦大学中文系的吴礼权博士曾经说过如下的例子。

台湾的出国留学热比大陆更早,按所到国家而论以美国为最。这样两地分居现象也就较为普遍。人们戏称妻子在美国留学的为"内在美",丈夫在美国留学的为"外在美"。

"内在美"本来是指人的心灵美,这里是指"内人(古代男子称自己的妻子为'内人')在美国"。"外在美"本来指"外表美",这里指"丈夫在美国"。中国向来有"男主外,女主内"之说,这个"外"自然别解为丈夫。

英国文学评论家爱迪生在《论洛克的巧智的定义》中说:"凡是新的不平常的东西,都能在想象中引起一种乐趣,因为这种东西使心灵感到一种愉快的惊奇,满足它的好奇心,使它得到它原来不曾有过的一种观念。"别解这种修辞手法,即顺应了人们追求新的刺激、新的满足的心理需要。它将人们习以为常的词语用到它本来不能用的上下文中,使其意义发生变化,激活听者、读者的好奇心,从而重新进行解码,从形同义异的领悟中获得开怀一笑。

(2)返原式别解。返原式别解即将词语的整体意义别解为它的字面意义的简单相加,使它返回到词语原意上。

影星伊丽莎白·泰勒曾经应邀到台湾访问。因应酬繁忙以致腰酸背痛,于是请来了一位盲人按摩女为她按摩。

事后那个按摩女高兴地逢人便说:"我从小喜欢泰勒,今天不仅接近了她,而且还亲手摸了她!"

一位听众慨然发笑道:"这真是应验了中国一句成语,叫做'盲目崇拜'!"

"盲目崇拜"本意是"认识不清，糊里糊涂地尊敬佩服"，但这段文字中的意思却变成了"盲人的崇拜"。"盲目"由引申意别解成字面意。

"现代人爱打电话，不爱提笔写信，这现象该叫什么？"

"言而无信。"

"言而无信"本来的意思是指人说话不守信用，这里是指只口头上打电话而没有信件往来。

# 第11章
## 赞美为你的气场加分,做世界上最会赞美的人

倾听和适时的赞美,是永远不会过时的沟通方法,如果你利用得当,它能帮助你打开别人的心门。因为沟通其实就是了解别人,包括了解他的需要、渴望、能力与动机,并给予适当的反应。任何一个人都不会拒绝你作为一个倾听者的角色去赞美他,而且,不管是中国人,还是外国人,没有人不想听到别人的赞美。当他在你的赞美声中露出满足的笑容时,你的气场实际上已经在他的眼中放大了。

## 赞美蕴藏着巨大的能量

美国一个百科全书的销售员是这样做的。当准客户露出一点点购买意向时,他立即把准客户的孩子们叫过来,对他们说:"知道吗?你们的爸爸真好,为了让你们学好知识,现在就开始给你们准备最好的书。你们要记住,你们有一位真心爱你们的好爸爸!"客户被这种神圣的气氛所感染,成交自然是顺理成章的事了。

这样的赞美高手,其功力已达到炉火纯青的地步。把你的掌声和鼓励不失时机地送给那些喜欢它的人,他们受到激励也会更加真诚地对你,你也将得到更多的回馈。

观众的掌声对一个赛场上的球队有没有好处?答案是肯定的。每个球队都知道,赛场上的天时、地利、人和都是非常重要的。观众对球队的热情是支持球队打胜仗的最重要的力量之一。每个球队都承认,球迷的打气使他们情绪高亢,斗志昂扬。

同样的道理,在日常生活中,鼓励也是很重要的,而且也是很有用的。在家庭生活中,夫妻应该彼此鼓励,父母与子女应该彼此鼓励。在工作中,老板和员工更是应该相互鼓励。在生活中,朋友之间也应彼此鼓励。

有这样一个关于鼓励的故事。

一个驯兽师训练鲸鱼跳高,刚开始的时候他先把绳子放在水面下,使鲸鱼不得不从绳子上方通过,鲸鱼每次经过绳子上方就会得到奖励,它会得到鱼吃,会有人拍拍它并和它玩,训练师以此对这只鲸鱼表示鼓励。当鲸鱼从绳子上方通过的次数逐渐多于从下方经过的次数时,训练师就会把绳子提高一些,只不过提高的速度很慢,不至于让鲸鱼因为过多的失败而沮丧。训练师慢慢地把绳子提高,并且一次一次地鼓励它。鲸鱼也每次都跳得比前一次高。最后鲸鱼跳过了世界纪录。

无疑，鼓励的力量让这只鲸鱼跃过了这一载入吉尼斯世界纪录的高度。对一只鲸鱼如此，对聪明的人类来说更是这样，鼓励、赞赏和肯定，会使一个人的潜能得到最大限度的开发。可事实上，很多人却是与训练师相反，起初就对别人定出相当的高度，一旦别人达不到目标，就大声地呵斥。

康涅狄格州的芭蜜娜·邓安，在公司里，她的职责之一是监督一名清洁工的工作。这位清洁工做得很不好，其他的员工时常嘲笑他，并且常常故意把纸屑或别的东西丢在走廊上，以显示他工作的差劲。这种情形不仅不好，而且增加了清洁工的工作量。

芭蜜娜试过多种办法，但是都收效甚微。不过她发现，清洁工偶尔也会把一个地方打扫得很整洁。于是，她就趁他有这种表现的时候当众赞扬他。慢慢地，他的工作就有了改进。不久之后，他就可以把整个工作都做得很好了。

1968年，美国心理学家罗塔尔森和雅各布森作了一次有趣的试验。他们对一所小学的六个班的学生的成绩发展进行预测，并把他们认为有发展潜力的学生名单用赞赏的口吻告知学校的校长和有关教师，并再三叮嘱他们对名单保密。实际上，这些名单的人名是他们随意选取的。然而，让人出乎意料的是，8个月后，名单上的学生个个学习有进步、性格开朗活泼、求知欲强、与教师感情甚笃。

为什么8个月之后竟会有如此显著的差异呢？

这就是期望心理中的共鸣现象。原来，这些教师得到权威性的预测暗示后，便开始对这些学生投以赞美和信任的目光，对他们态度亲切温和，即使他们犯了错误也不会严厉地指责他们，而是通过赞美他们的优点来表示信任他们，实际上教师们扮演着皮革马利翁的角色。正是这种暗含的期待和赞美使学生增强了进取心，使他们更加自尊、自爱、自信和自强，奋发向上，故而出现了"奇迹"。这是教师的赞美、信任和爱而产生的效应。

这个故事给我们这样一个启示：赞美、信任和期待具有一种能量，它能改变人的行为。当一个人获得另一个人的信任、赞美时，他便感觉获得了社会支持，从而感觉实现了自我价值，变得自信、自尊，会获得一种积极向上的动力，并尽力满足对方的期望，以避免对方失望，从而维持这种社会支持的连续性。然而，遗憾的是，在现实生活中，人们似乎都已经遗忘"信任"、"期待"和"赞美"这几个词了，他们对身边的那些在生活、工作和学习中一时不理想的人往往不是给予鼓励和帮助，而是讽刺、挖苦他们，并且总是用一种老眼光看待他们，使他们的自尊心和自信心大大地受到伤害，以至于心灰意冷，气馁自卑，甚至性格孤僻、沉默寡言，长此以往，便使他们禀性难移了。

## 人人都喜欢"投其所好"

你要想让陌生人接受你，千万不能急于求成，应该先去考虑他所关注的利益点是什么。如果能抓住他的这个"兴奋点"，接下来的一切就好办了。

**1.满足别人的需求**

澳大利亚有一份很有名的报纸，前几年报社总编辑换人，新来的总编辑资历不深，甚至"连采访的大车都未坐过"。那些大牌记者对他颇不服气，大家对他也不看好，甚至想把他"轰走"。但这位总编辑利用了投其所好的策略反败为胜，他是怎么做的呢？在他上任的第一天，便在就职演讲中含笑对各位同事说："我知道我来此就任，别说是做总编辑，就是当资料室职员也不够资格，因为关于资料的管理方面，我只略知一二。所以，我有一种意愿，希望坐坐新闻记者的大车，同时也希望坐了大车后可以得到各位外勤同事的信赖，将来去银行请求合作，替本报同事办一种接近市区的购房分期付款……"

话还未讲完,席上已经是一片掌声,大家都拥护他的上台了。他知道他的前任就是因为住房问题没有解决好才下台的,而这些老记者们最关心的莫过于此。他正是抓住了这个要害,才找到了立足的基点。

2.迎合别人的兴趣

台湾有位女明星需要一两个短剧本,她希望日本一位很有名的作家能够为她动笔。这位作家学贯中西,文笔风趣,但他的脾气很古怪,一般人的约稿经常被他拒绝。

这位歌星打电话给她的朋友,请教该怎样向他开口提出要求。

"你究竟打算请他写些什么短剧呀?"

"我希望他替我写男女别恋,不过要有新的内容,不要以前的故事。"

"这样很好,他以前写过不少这类的东西,你只需说知道他写过这些剧本,十分崇拜他就行。"

过了两天,这位歌星给她朋友打电话,很高兴地说:"他不等我提出要求,就答应替我写两出短剧了。"

她朋友说:"你们晚餐时,你一直在谈论他过去那些得意之作,是吗?"

"你猜得对,我主要是讲他的作品在台湾如何受人喜爱。"

这位女明星运用的其实就是人际交往中的迎合别人兴趣的艺术。其实,人际交往真的不难,我们只要抓住别人的心理,略施小技就能旗开得胜。通过学习,人人都可以成为交际天才。

## 应该掌握的赞美技巧

赞美有助于人与人之间形成良好的关系,进而达成交易,并保持良好的关系。赞美对推销员来说是相当重要的,赞美他人是一件好事,但绝不是一件易事。赞美客户如果不审时度势，不掌握赞美技巧，即使推销员出于真心，也会将好事变成坏事。在赞美客户时，以下技巧是可以运用的。

一是因人而异。客户的素质有高低之分，年龄有长幼之别，因此，赞美要因人而异，突出个性，有所指的赞美比泛泛而谈的赞美更能收到较好的效果。年长的客户总希望人们能够回忆起其当年雄风，与其交谈时，推销员可以将其自豪的过去作为话题，以此来博得客户的好感；对于年轻的客户，不妨适当地、夸张地赞美他的开创精神和拼搏精神，并拿伟人的青年时代和他作比较，证明其以后确实能够平步青云；对于商人，可以称赞其会做生意，财源滚滚；对于知识分子可以称赞其淡泊名利，知识渊博等。当然所有的赞美都应该以事实为依据，千万不要虚夸。

二是详细具体。通常，客户有显著成绩的时候并不多见，因此，推销员要善于发现客户的哪怕是最微小的长处，并不失时机地予以赞美。让客户感觉到推销员的真挚、亲切和可信，这样，相互间的距离自然会越拉越近。

三是情真意切。说话的根本在于真诚。虽然每个人都喜欢听赞美的话，但是如果推销员的赞美并不是基于事实或者发自内心，就很难让客户相信推销员，甚至客户会认为推销员在讽刺他。

四是合乎时宜。赞美客户要相机行事。开局便赞美能拉近你和客户的距离，到交易达成后再赞美客户就有些迟了。如果客户刚刚遭受到挫折，推销员的赞美往往能够起到激励其斗志的作用。但是如果客户取得了一些成就，已经被赞美声包围并对赞美产生抵制情绪，再加以赞美就容易被人认为有溜须拍马的嫌疑。

五是雪中送炭。在我们的生活中，人们往往把赞美给予那些功成名就的胜利者。然而这种胜利者毕竟是极少数，很多人在平时处处受到打击，很难听到一句赞美的话。这时，送上一句赞美的话，就犹如雪中送炭。

推销员在与人交往的过程中需要掌握必要的赞美技巧。推销员适时地对客户进行赞美，往往能够让客户把推销员当做知心朋友来对待。在这种环境

中,最容易达成交易。当然,对推销员来说,不要心里存在任何不安,认为自己是在通过和客户拉关系来推销产品。只要推销员的赞美是出于真心,这种方法就是可行的。

赞美不一定都要表现在言语上,通过目光、手势或者微笑都可以表达对客户的赞美之情。

## 赞美要把握分寸恰到好处

如果想有一个好的交流效果,就要准确把握赞美方法,使赞美恰如其分而不失度,从而取得事半功倍的效果。

1.选择时机

在交际中,要认真把握时机。恰到好处的赞美,是十分必要的,赞美应当切合当时的气氛、条件,有着一定的"时效"约束。当你发现对方有值得赞美的地方,就要及时大胆地赞美,千万不要错过时机。不识时机的恭维,无异于南辕北辙,结果只能是事与愿违,起不到该起的效果,甚至会产生一定的副作用。同时,你还应该记住:当你的朋友发现自己的某种不足而要改正时,你却对他的这种不足之处大加赞赏,必然弄巧成拙、适得其反。有"劝善规过之谊"的古训,这也是现代人交际中的一个为人准则。

2.因人而异

在人际交往中,还应当注意交际对象的年龄、文化程度、职业、性格、爱好、特征等,要因人而异,把握分寸,切不可随意赞美、奉承对方,尤其是新交,理应小心谨慎。比如,你对因身材过于肥胖而发愁的姑娘说:"你的身材真好!"姑娘听了一定会认为你是在取笑她而大为不快。但如果对一个因自己的身材姣好而感到自豪的姑娘说这句话,却可以使姑娘增加对你的好感和信任。在现实生活中,还有不少有识之士喜爱结交"道义相抵、过失相规"的"畏友",他们喜欢"直言不讳",你越指出他的不足,他越喜欢你,而你越赞美他,他却越讨厌你。同这类人交往,赞美是需要慎之又慎的。

**3.恰如其分**

赞美的尺度掌握得如何,往往直接影响赞美的效果。恰如其分、不留痕迹、适可而止的赞美,是成功者之妙诀。使用过多的华丽辞藻,过度的赞美,空洞的奉承,只能使对方感到不舒服、不自在,甚至难堪、肉麻和厌恶,其结果是适得其反的。假如你对一位字写得比较好的朋友说:"你写的字是全世界最漂亮的!"你赞美的结果只能使双方难堪。但如果你这样说:"你的字写得很漂亮!"你的朋友一定感到很高兴,说不定还要向你介绍一番他练字的经过和经验。当然,赞美的程度不够,便又不成其为恭维,同样无法达到预期的目的。

总之,赞美需要真诚,需要不留痕迹。真诚的态度是人们在交际中成功的要素,一定要努力表现出真诚,发自肺腑才能情真意切。要知道无美可赞而勉为其难,还不如避而不谈为好。

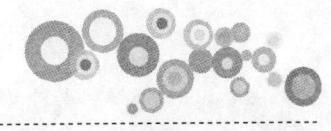

# 第12章
## 爱心创造奇迹，爱心正能量，生命大气场

气场就是我们传达给别人的感觉。别人可以通过我们的气场，来感知我们的性格、气质、情绪、精神面貌、心理状态等。当我们心中充满爱的时候，别人会很轻易地感觉到。爱是一种影响力，也是一种气场，爱使我们在众人中气质突出，爱更使周围充满爱心，使我们融入爱的海洋。

## 每个人都因爱而活着

支持每个人活下去原因是他发现每个人心中都有爱。世人或许认为自己是在为自己每日的工作活着，事实上大家是为了爱而活着的。假如人的心中没有爱，也就没有人能够长大，人类也就无法延续下去了。

每个人都因爱而活着，而仅针对自己的狭隘的爱是心灵"死"的开始，对人类的爱却是心灵"生"的开始。

美国有一位社会学教授，带着他的学生到一个黑人贫民窟进行调查研究，其中一个研究课题，就是对该贫民窟200名黑人小孩的前途进行预测。

学生们都以十分认真的态度来研究这个课题，经过不断地调查和精确统计之后，报告终于完成了。但是，结果很让人沮丧，因为200名孩子几乎没有例外，一致被认定为"一无是处"和"无所作为"。

过了40年后，当年提出这个研究课题的教授早已去世，他的一个学生从档案里发现了当年的研究报告，在好奇心地驱使下，他来到当年的调查地点，比较调查结果是否跟事实吻合。但是，他很惊讶地发现，当年接受调查的200名孩子中，除了20名已经离开这里不知去向之外，其余180名孩子大多已有相当的成就，他们之中不乏作家、商人、律师和优秀的运动选手，而对于目前所拥有的一切，这些已经长大的孩子都说，他们很感谢当地的一位小学老师。

调查者找到了这位小学老师，并且询问她是用什么方法，让这些孩子都能获得成就的。这位已经年迈的老师只是微微一笑，温柔地说："因为我爱这些孩子。"

因为心中有爱，所以这个老师才能将别人认为毫无希望的孩子教导成对社会有贡献的人。

托尔斯泰曾说："只爱我们所喜欢的人，这种爱不能算是真正的爱。真正的爱是对存在于别人心中也存在于我们自己心中的那同一个神的爱。由于这种爱，我们不但能爱自己的家庭，爱那些也爱我们的可亲的人，同时也能爱那些曾经做过错事的人。当我们如此去爱的时候，会比只爱自己同时也爱我们的人得到更大的喜悦。"

  生活中，我们每个人都应该用关爱的原则建立一个完善的心理预警机制，在这种机制下，每个人都在制造平等并享受平等，用真诚换取真诚，用笑容换取笑容。言行一旦有越轨的倾向，自律的警钟便会响起，提醒我们回归正常的线路。爱己者才能爱人，在关爱自己中学会善待生命，善待他人。

  也许是举手之劳，它却能使得受助者度过人生低谷期，重拾生活的信心；一个轻蔑的眼神，却会造成伤害或心理负担。送人玫瑰，手留余香。每个人都应该在内心的最高层次上树立一种平等观、一种关爱观、一种真诚观。

  每个人的心灵是一块待开发的处女地，要用爱的哲学开发它，用仁者爱人的理念灌溉它，用友好互助的春风吹拂它，直到人性的花朵处处开遍。关爱的方式无穷无尽——病榻前的几句问候，邂逅时的一个招呼，就餐时的一个邀请，冒犯时的一句真心致歉，冲突时的主动谦让，忧愁时的安慰，挫折时的鼓励。只要我们愿意，就可以把关爱的行为体现在每一个细节上。

## 没有人能抵挡爱的威力

  爱心具有强大的力量，因为它是成功的秘诀之一。要让爱成为最强大的武器，没有人能抵挡它的威力。

  这是发生在美国的一个真实故事：

  一个风雨交加的夜晚，一对老夫妇走进一家旅馆的大厅，想要住宿一晚。值夜班的服务生说："十分抱歉，今天的房间已经被早上来开会的团体住满了。若在平日，我会送你们到别的旅馆，可是今天，我无法想象你们要再一次置身于风雨中。这样吧，你们待在我的房间，它虽然不是豪华的套房，但还是挺干净的，因为我今天值班，我可以在办公室休息。"

老夫妇大方地接受了年轻人诚恳的建议，并对给他造成的不便致歉。第二天雨过天晴，老先生结账时，柜台里仍是昨晚的那位服务生。这位服务生依然亲切地表示："昨天您住的房间并不是旅店的客房，所以我们不会收您的钱，希望您与夫人昨晚睡得安稳！"

老先生点头称赞："你是每个旅馆老板都梦寐以求的员工，或许哪天我可以帮你盖栋旅馆。"几年后，就在大家都忘了这回事的时候，这名服务生突然收到一封来自纽约的挂号信。信里描述了那个风雨交加的夜晚发生的事情，并邀请他去纽约游玩。信中还附上了一份邀请函和来回纽约的机票。在抵达纽约曼哈顿后，服务生见到了这位当年的旅客。老先生指着街口的一栋华丽的新大楼说："这是我为你盖的旅馆，希望你来为我经营，可以吗？"这位服务生非常惊奇，说话变得结结巴巴："你是不是有什么条件？你为什么选我呢？你到底是谁？""我叫威廉·阿斯特，我没有任何条件，我说过，你正是我梦寐以求的员工。"

这家华丽的旅馆就是后来全球著名的希尔顿饭店，于1931年启用，是纽约极致尊荣的地位象征，也是各国高层政要造访纽约下榻的首选。

当时接下这份工作的服务生就是乔治·波特——奠定希尔顿饭店世纪地位的人。

是什么样的态度让这位服务生改变了他的命运？毋庸置疑，他遇到了"贵人"，可是如果当天晚上是另一位服务生当班，会有一样的结果吗？正是这位服务生奉献了自己的爱心，才使自己的命运得到改变。虽然是带有机遇性的偶然事件，但是却包含了必然的因素。

第二次世界大战中，盟军统帅艾森豪威尔将军有一天乘车回总部参加紧急军事会议。天气异常寒冷，空中飘着鹅毛大雪，地上的积雪也被碾成了冰，汽车行驶起来十分困难。汽车小心翼翼地在冰上行驶着，忽然，他看到一对法国老夫妇在路边,佝偻着身子,看样子冻得十分厉害。他赶紧命令身边的翻译官上前去询问有什么可以帮助的。坐在车上的参谋急坏了,赶紧阻止说:"我们的会议马上就要开始了,把他们交给当地警方处理吧?"艾森豪威尔听了,丝毫没有犹豫,他坚定地说:"不行。我命令你们立刻下车处理这件事。要等当地警方来帮助他们,很可能他们就已经冻死了!"没办法,参谋和翻译官只好下车去问个究竟。原来,这对老夫妇正准备去巴黎投奔自己的儿子,但因为车子抛锚,前不着村,后不着店,不知如何是好。于是,艾森豪威尔立即把这对老夫妇请上车,特地绕道去了趟巴黎。送完这对老夫妇之后,才风驰电掣般地赶去参加紧急军事会议。

尽管艾森豪威尔根本没有行善图报的动机,然而,他的善心义举却得到了意想不到的巨大回报。原来,那天几个德国纳粹狙击兵虎视眈眈地埋伏在艾森豪威尔必经的那条路上,如果不是因善行而改变了行车路线,他恐怕就很难躲过这场劫难。如果艾森豪威尔因遭伏击而身亡,那么整个第二次世界大战的欧洲战史就很可能会因此而改写!

没有爱心的人不会有太大的成就。不愿奉献的人,不能忍让的人,对人冷淡的人,缺乏爱心的人,就不太可能得到别人的支持,失去别人的支持,那他离失败就不会太远。有多大的爱心,就会有多大的成绩。

一个人即使才疏学浅,也能以爱心获得成功;相反,如果一个人没有爱,即使博学多识也终将失败。

## 拥有爱心的人才能拥有别人的爱

第二次世界大战期间,德国军队曾经把一批革命者抓起来,押在一个特制的牢房里。所谓特制的牢房,是指它有别于过去很多人住在一起的牢房,是一人一间。在特制的牢房里,没机会跟别人说话,看不到阳光,在这个阴

第12章 爱心创造奇迹，爱心正能量，生命大气场

暗、潮湿的小房间，每天都做编织篮子这样一件机械、单调、重复的事情。结果，几个月下来，有好几个人变得很憔悴、忧郁，得了精神病，甚至有人死亡。四年下来，只有一个人活着走出来，而且是健康地走出来。他靠的是什么法宝？他热爱编织。他想办法每天编织一个新花样，反正是坐牢，与其痛苦地接受它，不如愉快地拥抱它！他刻意寻找编织的乐趣，不仅健康地出来了，还成了一个著名的编织师。

爱的情感，是所有高尚情感的源泉。想一想，我们拥有多少爱？我们对一花一草，对身边的朋友，对我们的亲人，对我们的爱人，对工作，有多大的爱心？爱心是我们爱人类、爱祖国的力量源泉。一个没有爱心的人，是一个没有出息的人、一个没有前途的人。爱心无价，无论做什么事，都要有爱心。只有爱，才能享受到人间的真情，只有爱才能使你感受到人类的伟大。爱心如阳光，什么样的冰山都能融化；爱心如蜜糖，它可以使一颗苦涩的心品尝到甘甜。

爱心是善良之本。有人说，人，不能太善良，善良就要被人欺负，就要吃亏。事实上，只有真正善良的人，真正拥有爱心的人，才能拥有别人的爱，才能得到别人的帮助，而我们生活在一个群体中，任何一个人想离开团队取得成功，都非常困难。有人曾经对诺贝尔奖获得者作过统计，说早期的诺贝尔奖获得者还有一些人是单兵作战，靠个人或很少几个人的努力去做课题而获得诺贝尔奖，但现在诺贝尔奖获得者几乎没有是一个人的，现在通常是一个团体、数百人，甚至更多的人攻克同一个课题。当然，最后获奖的是其中的一个代表。我们生活在一个相互依赖、相互联系的社会之中。走向社会，我们就会知道："一个篱笆三个桩，一个好汉三个帮。"没有好的人际关系，没有好的人缘，你就很难真正获得人生的辉煌。心理学把人分成两类，一种叫人缘儿，这种人大家都喜欢他，大家都愿意帮助他；还有一种人叫嫌弃儿，人们都很讨厌他。相信我们都不愿意做嫌弃儿，都愿意做人缘儿。做人缘儿的一个很重要的前提就是要有爱心。有爱心的人才会体贴别人，才会善于了解别人，才能知道别人的冷暖，才会在别人最需要帮助的时

候伸出友谊之手，才会在别人最困难的时候给予帮助。所以，学会爱，学会爱别人、爱父母、爱朋友，这是成功做人的一个重要因素。不仅要爱人，还要爱事业、爱学习。不爱学习的人，不爱读书的人，是不会取得成绩的。

爱你的学习和工作。工作对一个人而言，是人生最重要的一部分，不仅食、衣、住、行要靠工作，自我价值的实现也不能脱离工作。

我们要学会在工作和学习中寻找快乐，这点很重要。如果你在工作和学习中没有快乐，你就没有情感的愉悦。很多人在生活中都有这样的感觉，当你解决了一个很难的问题时，你会很开心；当你写出了一篇自己很得意的文章时，你会很快乐。所以，做学问、做事业，不仅需要爱，而且要在爱中找到快乐。一个懒于学习和工作的人，把学习和工作当做外界强加的事情来做，既无爱可言，也无快乐可言。如果你不爱工作，那么就很难在工作中取得成绩。

有时非常枯燥、非常乏味的事情，只要你去发现它内在的魅力、内在的美，你就会觉得原来生活是如此美好，学习和工作是如此令人快乐，并不像有些人想象的那么痛苦。学会从日常学习和工作中找到快乐，每个人给自己找几个理由，想办法让自己开心。爱，是我们生存、走向快乐人生的一个重要的情感因素。

## 学会真正去爱一个人

爱不是凭空产生的一种感情，它是人在付出和牺牲之后自然而然结出的果实，付出和牺牲得越多，爱也就越深。当你为爱情付出很多时，即使你想不爱你的恋人，也是欲罢不能。爱是覆水难收，是可以连生命一起泼出去的。当你为朋友和同事付出很多时，你会发现你们像靠在一起的树，彼此的树枝越长越近，直到交缠到一起，那种付出是可以相互感染的，最后变成一种互动,一种能量的转换。当你为工作付出很多时,你没法不爱它,爱它,就会为它付出更多,在这种美好的循环中,你将不断得到提高、进步,生活也变得充实。所以,一个吝于付出的人,一定也没有什么爱。

一个诗人和他的女友出去散步,看见道边坐着一个乞讨的老妇人,好让人可怜。女友于是想给她点钱,诗人对女友说:"应该给她的心灵送点东西,而不是一丁半点的施舍。"女友感到不解。

第二天,诗人出去散步时,手上拿了一朵玫瑰花。当他走到老妇人面前时,弯下身子,双手把花送给了老妇人。老妇人站了起来,伸出双手,握住诗人的手,激动得半天说不出话来。接下来的几天,诗人和女友出去散步时,便没再看见老妇人。后来,老妇人又回来了,她和以前一样坐在那里乞讨。

诗人和女友又来到她面前,她拿出了一个精心制作的小礼物送给了他们。

女友道:"她前几天为什么没来啊?"诗人语重心长地答道:"她要给爱回报。"

诗人送给老妇人的哪里是玫瑰花啊,分明是一颗炽热的爱心,正是这颗爱心,让老妇人感到了人间的温暖,因为诗人的爱让她感到生命更加充实。于是,她也精心制作了一个礼物,把爱回报给了诗人。

爱,不是被爱,也不是等待,爱是先把自己交出去,然后才能得到回报。

(1)爱需要表达。我们要与恋人相处,以期得到心与心的碰撞,情与情的交融,思想与思想的沟通。我们心中有爱,我们正在经历或将要经历爱情,我们为爱情激动,我们为爱情燃烧,我们因爱情而烦恼,无疑我们的爱需要说出来。在爱情里,一句简简单单的"我爱你",抵得上一千句甜言蜜语。开不了口,就写出来、画出来,最重要的是要让对方知道。同时,还需要用信物传情,爱的表达不仅是语言表白,还有行动。我们不仅要学会表达爱,还应善于发现和体会别人不同方式的爱的表达。

(2)爱要适度。母爱是最无私的,但是如果母亲对孩子太娇宠,或者太严格,都会使母亲自身变成孩子成长的模具,使他们的性格过于柔弱,或者过于执拗，这对他们未来的社会生存和生活都是很不利的。女人对丈夫的爱也是如此，如果放得太开，会把男人惯坏；如果抓得太紧，则会使男人太累。鸽子天天放出去，天天飞回来，鸟儿被关在笼子里一旦放出去就永远不会再回来。如果爱，就应当让爱与爱之间保持一定的尺度，爱是黑夜的星辰，我们的生命因它而璀璨、恒久。

（3）爱需要走出沉重。所有的爱也许都有沉重的一面，为了爱必须走出爱的沉重，为了爱，还需要割爱，不然，爱就会成为一种包袱，影响到我们对理想的追求。

（4）爱是生命的见证。只有爱才是生命的见证，只有爱的语言才是生命里最美好的语言。爱过，这便是生命的全部意义，也正因为爱过，才会赢得爱，以自己的爱心点燃他人的爱心，生命才有意义。

（5）爱是一种承担，温暖的、善良的承担。它那么抽象，又如此具体，它不能被独立——爱某个人，其实也就是爱每个人。只有去爱每个人，爱才不至于自私、褊狭、跋扈，才不容易像脱水的花朵般凋败，才能得到更恒久、更普遍的祝福。学会真正去爱一个人，就是学会爱身边的一切、爱世间的万物。

## 爱是付出，不要期望回报

爱是浪漫？爱是激情？爱是疯狂？爱是新鲜？爱是刺激？细细想来，爱是一分牵挂，爱是一种责任。爱是清香四溢的茶水中的一片茶叶，淡淡的却散发着清香。爱是荡气回肠的音乐中的一个音符，轻轻地弹奏出美妙的声音。爱是你不经意间体会到的温馨，在你经历时不觉得是爱，失去时才知道是爱。

有位太太的先生是知名的企业家，对她百依百顺，以世俗人的眼光看来，她很幸福。物质生活的富足，使她看起来是幸福中的幸福人。但她仍觉

得很苦，见到朋友时，哭得很伤心。朋友问她："你有什么不满意呢？"

她说："你不知道，他最近变得冷淡，这令我痛苦、不满。"朋友劝她说："到底你要拥有多少感情才满意呢？不要太强求，感情如同一个球，愈硬碰，它跳得愈高愈远。"

她问："那我要怎么办呢？"

朋友回答道："放宽尺度，你爱的范围太狭窄了，犹如把感情当成一条绳子，缚（管）得他对你敬而远之，所以你才那么痛苦。你应该以柔和的感情来对待，不要将占有欲、威力加在感情上面，否则，虽然你先生表面对你又顺又爱，但内心却又烦又畏，也就难怪他会对你有欺骗的行为。你若能把爱扩大到去爱他所爱的人，他一定会感谢你，同时也更珍惜这份感情，因为你所给予他的爱是那么的自在。人的感情就像是熔炉，只要你多给他宽大的爱，满足他的感情，再冷再硬的心也会被熔化……"

的确，爱情是一种不应计较回报的付出，而不是无时无刻的索取。如果希望自己的付出得到同样的回报，那么到最后得到的或许是苦涩的果实，因为彼此对回报的定义并不一致。爱一个人，就是无条件的付出，哪怕最后落得伤痕累累，也不应该后悔，这才是爱的最真的表现，否则，充其量也只能算是喜欢。

爱情就是两个人的相濡以沫，爱情就是两个人的长相厮守，有爱的人会觉得一切都是甜蜜的。每天晨起时，能看见自己的爱人就在身边，看着爱人忙忙碌碌的身影；能在有星星的夜里，和爱人缱绻星光下，数数天上的点点繁星，细述心中的情谊，那就是一种幸福。虽然很简单，但是很实在。爱情，就是当你生病时，爱人给你递上的一杯开水、几粒药丸，还有充满关爱的眼神，这样，你就无药自愈了。

爱情，就是彼此竭力地付出与承受，它们无微不至、无所不能。当你发现你已经能够容忍你的爱人的一切的时候，说明你已经懂得爱了。当然，包容并不等于纵容。包容是用心去拥抱爱情，而纵容只能令爱情陷于万劫不复之地。爱情不只是风平浪静地相处，有爱的日子也会有磕磕绊绊、吵吵闹

闹，而我们如果能就在这些吵吵闹闹中看到彼此的不足，然后不断修补爱情的漏洞，就能坚持到最后。

爱情就是一种牵挂，当你远行时，在异乡窗前的明月下，你会思念远在他方的爱人，你会默默为他祈祷："但愿人长久，千里共婵娟。"爱情就是四海漂泊的人儿，在一个陌生的城市中找到一个能够寄托终生的爱人，然后在这个城市驻足，落地生根……爱情就是有所依托。

再多的话语都阐释不了爱情，那么，就让我们把爱情归结为在冷冷的冬夜里爱人给你递上的一杯热咖啡、春暖花开时彼此相视的那种满满的笑意，自在，而且自得。

爱情是甜蜜和苦涩的混合体，就好像多彩的颜色是由红、黄、蓝三色变化而成。从另外一个角度来看，爱情是一种容易变质的东西，它很难经得起时间、空间的考验。爱情路上的落魄者大多会告诉你一个不争的事实：千万不要随意用时间或空间来考验你的爱情。

爱一个人，要了解，也要开解；要道歉，也要道谢；要认错，也要改错；要体贴，也要体谅；是接受，而不是忍受；是宽容，而不是纵容；是支持，而不是支配；是慰问，而不是质问；是倾诉，而不是控诉；是难忘，而不是遗忘；是彼此交流，而不是凡事交代；是为对方默默祈求，而不是向对方百般要求；可以浪漫，但不要浪费；可以随时牵手，但不要随便分手。如果你都做到了，即使你不再爱一个人，也只有怀念，而不会怀恨。

## 富有爱心的人能感染周围的人

真正了解别人的痛苦，尽心为别人做好事的人，会得到别人的爱，也会感受到人生的意义。找到了生命的意义，每个人都能做些了不起的事。

有个叫乔治的17岁少年投海自杀，被警察救起。他是个美国黑人与日本

## 第12章 爱心创造奇迹，爱心正能量，生命大气场

人的混血儿，愤世嫉俗。一位老太太到警察局要求和乔治见面，警察同意她和乔治谈谈。

"孩子"，老太太轻唤乔治，乔治扭过头去，像块石头，全然不理，老太太用安详而柔和的语调说，"孩子，你可知道，你生来是要为这个世界做些除了你以外没人能办到的事吗？"

她反复说了好几遍，少年突然回过头来，说道："你说的是像我这样一个黑人？连父母都没有的孩子？"老太太不慌不忙地回答："对！正因为你肤色是黑的，正因为你没有父母，所以，你能做些了不起的事情。"少年冷笑道："哼，当然啦！你想我会相信这一套？"

"跟我来，我让你自己瞧。"老太太说。她把他带回小茶室，叫他在茶园里打杂。虽然生活很清苦，她对少年却爱护备至。

生活在小茶室中，乔治慢慢地也心平气和了。老太太给了他一些迅速生长的萝卜种，十天后萝卜长出了叶，乔治得意地吹着口哨。他又用竹子自制了一支横笛，自娱自乐，老太太听了称赞道："除了你，没有人为我吹过笛子，乔治，真好听！"

少年渐渐有了生气，老太太便把他送到高中念书。在求学的那四年，他继续在茶园种菜，也帮老太太做点零活。高中毕业，乔治白天在地铁工地做工，晚上在大学夜间部深造。毕业后，在盲人学校任教，他对那些失明的学生关怀备至。

"现在，我已相信，真有别人不能做而只有我才能做的事情了。"乔治对老太太说。

"你瞧，对吧？"老太太说，"你如果不是黑皮肤，如果不是孤儿，也许就不能领悟盲童的苦处。只有真正了解别人痛苦的人，才能尽心为别人做美好的事。你17岁时，最需要的就是有人爱惜你。因为没有人爱惜，所以那时想死，是吧？你大声呐喊，说你要的根本不可能得到，根本就不存在——可是后来，你自己却有了爱心。"

乔治心悦诚服地点点头。老太太意犹未尽，继续说道："尽量爱护自己的快乐。等到你从被你帮助的人脸上看到感激的光辉，那时候，即使像我们这样行将就木的人，也会感到活下去的意义。"

爱会改变一切。爱把温暖和幸福带给亲人、朋友、家庭、社会、人类。爱是永恒的主题。我们不能看到罪恶就认为这个世界没有爱，就像不能看到礁石就厌恶海洋，看到死亡就否定生命一样。富有爱心的人，不但自己的生活充实快乐，而且能感染别人。如果我们富有爱心，虽然并不富有，没有很高的地位，没有显赫的声名，没有令人艳羡的财产，但是在精神上，我们却是天使。

# 第13章
## 呵护身心健康，气场之树才能郁郁常青

离开身体之后，灵魂是不可能存在的，所以，再强大的心灵，如果没有身体的配合也是不可能存在的。虽然我们没有办法去检测自己的气场究竟有多强，但有一点不用怀疑：你的身体越健康，你的能量就会越多，气场也会散播得越远，而你的气场越被充分激发，你就越有能量去做你要做和想做的事。同样，你的气场越强大，你受到外界不友善的能量的干扰就越小。

## 健康的身体是气场存在的根本

人类的气场通常是由两部分组成的：一部分是你的灵体所具有的能量，这是一种非常隐秘，也更高级的能量，就像是人类有形的身体之外的另一个看不见、摸不着的身体。它环绕、贯穿着我们的身体，虽然看不见、摸不着，却可以牵引和控制我们的灵魂。另一部分是从身体中散发出的能量场。现代科学技术能够探测到所有生命体，都具有能量场，这也是气场存在的证据之一。在科学的语境中，这种能量场被描述为电、磁、声、热、光等。

人体的能量场一部分由人体自然产生，另一部分则是由身体吸收外界能量转化而成，两个能量场之间产生自然交互作用。这种能量的交互可以看做是人的能量与其他物质的能量进行的一种自然渗透，个人的能量场不断吸收他人、树木、花草、动物甚至是土地本身的能量。

身体强健，能量场就强大；身体羸弱，能量场就弱小。我们还没见过哪个病恹恹的人有着强大的气场的。因此，想让自己的气场强大，最基本的保证就是身体要健康。

生命，每个人只有一次，每个人都渴望在自己短暂的生命历程中将生命演绎得更辉煌。健康的身体是生命质量的保障，一个有一分天才的强壮者的成就远远超过一个有十分天才的瘦弱者的成就。

没有健康，人生的追求，无论是事业、财富还是爱情终将化为泡影。

著名的石油大王洛克菲勒曾经称霸美国的石油行业，聚敛了无尽的财富，成为当时的首富。然而，由于超常的工作量以及巨大财富带来的紧张与压力，使他在五十多岁时便衰弱成一个老翁。他的头发脱落，免疫系统失调，身体全面崩溃，这时，巨大的财富于他又有何用？当他退出了与财富的战争，全身心地专注于自己的健康，清心养性，并投身于宗教信仰与人类的福利事业时，他才又一次赢得了生命，并活到九十多岁的高龄。石油大王的经历再一次向世人阐释了健康是每个人生存的资本这一真理。

生活中，人人都会说"身体是革命的本钱"，可实际上，有太多人为了名、为了利、为了自己的理想和追求，把身体健康抛在了脑后，有太多人为了取得某方面的成功而不惜用自己的身体做赌注。

美国历史上最胖的好莱坞影星利奥·罗斯顿因演出时突然心力衰竭被送进英国伦敦的汤普森急救中心。医务人员用尽一切办法也没能挽救他的生命。罗斯顿临终前喃喃自语："你的身躯很庞大，但你的生命需要的仅仅是一颗心脏！"

作为一名胸外科专家，哈登院长被罗斯顿的这句话触打动，他让人把它刻在了医院的大楼上。

后来，美国石油大亨默尔也因心力衰竭住进了这个急救中心。默尔工作繁忙，他在汤普森急救中心包了一层楼，增设了五部电话和两部传真机。当时的《泰晤士报》称这里为美洲的石油中心。

默尔的心脏手术很成功，但他出院后没有回美国去继续他的石油生意，而是住在了苏格兰乡下的一栋别墅中，并且卖掉了自己的公司。他被医院楼上刻着的罗斯顿的话深深打动。他在自传中写道："富裕和肥胖没什么两样，都不过是获得了超过自己需要的东西罢了。"

默尔是伟大的，他能及时领悟到人生的真谛。现实生活中，很多人执迷不悟，在风华正茂时，对吃什么、怎么吃、怎么运动不大讲究，全然不把营养均衡、粗细搭配放在心上，似乎无论怎么吃，身体都能承受，全然不把"生命在于运动"放在心上，以为精力与生俱来，不会枯竭。精力充沛时，不惜吃老本，拼体力，挤掉吃饭时间，克扣睡眠时间，夜以继日地透支健康，对健康的开发甚至是掠夺性的。健康像水土一样，就这样流失了。在他们看来，健康像廉价的消费品，可以被任意挥霍，直到捉襟见肘。

殊不知，健全的体魄、乐观积极的心态、敏锐的反应是成就一切宏图伟

## 第13章 呵护身心健康，气场之树才能郁郁常青

业的基石。只有不断地投身于健康之旅，你的财富才会倍增，否则，一切将化为空中楼阁。

早在1953年，有远见的世界卫生组织为了唤起人们对自身健康的关注和珍爱，就提出了"健康就是金子"的响亮口号，旨在希望人们像对待金子一样珍爱生命的这一口号作为当年世界卫生组织的主题口号，可见用心之诚。

实质上，健康比金子还要珍贵，因为健康很难再生或不可再生，一旦失去，再先进的高科技都无法使受损的肌体恢复原来的状态，只能是"无可奈何花落去"，而金子却可以"千金散尽还复来"。

但是不少人，包括高知阶层，陷入一种认识误区。认为青壮年正是精力充沛、大展宏图的好时期，应当把宝贵光阴都用在事业上，全然没有珍惜健康的观念。能吃能睡就是没病，有了生病症状坚持一下就顶过去了，结果病入膏肓时才如梦初醒，但是一切都已经晚了。誉满中外的科学家、事业鼎盛的企业家英年早逝已不是什么新闻了。国家痛失英才，家庭支离破碎，这不幸应了中岛宏博士的一句话："许多人不是死于疾病，而是死于无知。"

连大学里的教授、学者，商海中的经理、白领竟然都死于对健康的无知，对自己生命的无知，足见一些人健康教育的严重滞后性和紧迫性。

健康是生命的源泉。失去了健康，会生趣索然，工作效率锐减。能够有强健的体魄与饱满的精神，在这两者之间，又保持平衡，这是一种天大的福分。

健康的生命会大放异彩，而疾病与死亡却会使人陷入可怕的阴霾。生活中我们常见有作为、有知识的青年男女，为不良的健康状况所牵绊，以致终生不能酬其壮志，不禁让人扼腕叹息。而天下最大的遗憾也莫过于此：自己虽有凌云壮志却没有力量去实现，自己虽有不息的斗志，却没有强健的体魄作为后盾，只能在病痛与死亡的阴影中忍受煎熬。

一些人之所以饱尝壮志未酬的痛苦，就是因为他们不良的健康状况使生命之泉干涸。因为缺乏各种不同的精神刺激和生命的养料，一个专注于工作、应酬，不懂休息、娱乐的人往往会在耗尽精力之后，事业日趋衰落。调整劳逸关系，无论对劳心者还是劳力者，都是十分有益的。"单调"是生命的摧残者，凡是成就大事业的人，往往不会整日整夜地埋头蛮干，而是懂得劳逸结合。

一个生活丰富的人往往懂得健康之道，把维护健康看做是生命的崇高责任。试想，一个不爱惜自己生命的人，又怎么会得到生命的回报呢？只有拥有充沛的生命力，你才可以抵抗各种疾病，渡过各种难关，迎接一个又一个的挑战。

珍爱我们自己吧！照顾我们的身体，关爱我们的心灵，让身心永葆健康。

## 良好的生活习惯是身体健康的保证

习惯决定健康，这话一点没错。良好的生活习惯是身体健康的保证。

**1. 戒掉吸烟的不良习惯**

吸烟是一种极其不好的习惯，不仅危害身边的人，更对自己的身体健康有着极大威胁。

吸烟者吸烟的过程是烟草在不完全燃烧中发生一系列化学反应的过程。香烟燃烧时放出的烟雾中92%为气体，主要有氮、二氧化碳、一氧化碳、氰化氢类、挥发性亚硝胺、烃类、氨、挥发性硫化物、腈类、酚类、醛类等，另外8%为颗粒物，主要有烟焦油和尼古丁。吸烟时大约有10%的烟雾进入体内，经气管、支气管到达肺部，一小部分可进入消化道。进入体内的有害物质最终进入血液循环，引起身体各系统、组织、器官发生病变，其严重程度取决于开始吸烟的年龄、吸烟量以及持续吸烟时间的长短。

香烟烟雾中含有大量的促癌物和致癌物，而这些危险的烟雾大多被那些无辜的被动吸烟者吸入了体内，长期吸入这样的有害烟雾，可导致肺癌、喉癌、咽癌、口腔癌、食道癌、肾癌和膀胱癌等。干热的烟雾长期刺激呼吸道会引起阻塞性肺通气功能障碍，是造成慢性支气管炎和肺气肿的主要原因。吸烟也是冠心病、动脉粥样硬化的主要致病因素。此外，吸烟可引起消化性溃疡、视力下降、视神经萎缩以及女性月经紊乱、痛经和男子阳痿、早泄甚至不育等身体疾病。青少年由于肌体各组织、器官还未发育完善，吸烟将对其产生更加严重的影响。

### 2.保持有规律的作息时间

周末假日也应保持有规律的作息时间，避免日夜节奏混乱。上床时间尽量固定，不过若因有事未完成而心有挂念无法入睡，则可以先将事情做完再上床睡觉，而隔天仍于固定的时间起床。需注意的是，如果长期工作时间过长导致每天睡眠量过少，也会有入睡困扰，此时的解决之道是调整白天的工作量，以使夜晚能提前上床安心睡觉。

### 3.坚持早晨起床喝些水

早晨起床后喝些水，补充一定量的水分，是人体生理代谢的需要，又是防病健身的有效措施。有很多人早晨起床后没有喝水的习惯，这不符合养生保健的要求，应该改正。

人在夜间睡眠中会损失大量水分，主要是呼吸、皮肤和便溺失水，使水的代谢入不敷出，可引起全身各组织器官和众多细胞供水不足。人体有70%是水分，缺了水会使人感到不适。夜间失水，组织体液量减少，血液也会因缺少水而浓缩，流量减少，流速减慢。清早起床后喝水，既是对缺水的身体进行一次有效补偿，又是一种体内液体的净化。因为清晨人的胃内已全部排空，水可冲刷胃壁上的残渣，使病菌无处藏身，最终将其全部排出体外。因此说，清晨喝水对人体是一项极其科学的养生保健措施。

清晨人体补充水，是防止心脑血管疾病的有力措施。补水后，水通过胃入肠，80%的水分由小肠吸收入血液，使血液得到稀释和净化，降低了血液的黏稠度，可有效地防止心脑血管疾病患者清晨因血液浓缩发生意外。据调查，上午八九点钟是心脑血管疾病发病的高峰，有50%～60%的心脑血管疾病患者的发病与没有及时补充水分有关。

晨起喝水还可以稀释尿液，增加排尿量。人体积蓄了一夜的代谢产物，如果没有足够的水分就不易被排出，会在人体内贮存，这些有害废物即可成为肌体慢性中毒的来源。如果早晨起来及时喝水，促进排尿，即可带出废物、净化血液，减少疾病的发生，尤其可预防泌尿系统感染和结石的形成。

晨起喝水还能使皮肤及皮下脂肪组织含有充足的水分，保持皮肤的湿度，而显得光泽而滋润，达到皮肤健美的目的。

多喝水还可使下消化道内容物中有较多的水分以保持大便通畅。尤其是老年人胃肠功能减退，肠蠕动变慢，如不及时补充水分，很容易造成大便秘结。

早晨起床喝水，以喝普通500ml茶杯一杯水为宜，最好喝温开水，如果是凉开水，兑上一点热开水即可。

**4.戒掉日常生活中的不良习惯**

如果你一天要抽很多烟，或是喝许多啤酒，试试看一天没有它们感觉怎样。没有这些东西渗入你的生活，感觉如何呢？食物尝起来是什么味道？

你想要停止咬指甲、不去打断别人的谈话、不开快车吗？忍住一天不做这些事，要求你身边的每个人帮助你下决心，以便把注意力放在想改进的行为上。观察你自己，但是不要下判断。把这一天变成一个小小的但是很有意义的开始。在往后的日子，长期坚持，这对你的健康当然大有裨益。

**5.不过于苛求别人，也不过于苛求自己**

在生活中，一个人对别人、对自己能够保持适度的宽容，对于改善人际关系和身心健康都是有益的，它可以有效防止事态扩大和矛盾加剧，避免发生严重后果。大量事实表明，不会宽容别人，便会殃及自身。

过于苛求别人或苛求自己的人，必定处于紧张的心理状态中。由于难于解脱内心的矛盾冲突或情绪危机，极易导致肌体内分泌功能失调，使儿茶酚胺类物质——肾上腺素、去甲肾上腺素过量分泌，引起体内一系列劣性生理化学改变，造成血压升高、心跳加快、消化液分泌减少、胃肠功能紊乱等，并会伴有头昏脑涨、失眠多梦、乏力倦怠、食欲不振、心烦意乱等征候。

紧张的心理会影响内分泌功能，而内分泌功能的改变又会反过来加重人的紧张心理，形成恶性循环，危害身心健康。有的过激者甚至失去理智，造成严重后果。而一旦宽恕别人，心理上便会经过一次净化，使人际关系出现新的转机，诸多忧虑烦闷可得以避免或消除。

### 6.不生闷气

有气不发，强憋在心里，如同把自己关在一个黑洞洞的房间里。比如一对夫妻，因为鸡毛蒜皮的小事斗气，谁也不服输，不先开口，各自守着自己的阵地，这不仅对各自的身心健康造成了伤害，还使隔阂加深，相互的关系日趋恶化、日益紧张，相互间的感情受到严重伤害，这些会招致严重的后果。

这种"气"被医学界称为闷气，闷气对身体危害很大。因为，生气对健康的危害程度主要取决于气的强度和持续时间的长短。闷气憋在心里，不向外发泄，一般持续时间会较长。这种不良情绪压在心头不消散，可导致食不甘味、睡不坦然，肌体的抵抗力随之下降，而有损于健康。同时，气憋在心里，越憋越重，会达到难以承受的程度。若骤然发作，如同山洪暴发，即为盛怒，而盛怒则会对身心造成更大的伤害。

### 7.保持快乐的心情

医生都有这样的经验：胜利者的伤口总是要比失败者的伤口好得快，没有精神负担的病人要比有精神负担的病人痊愈得快。一个人患病之后，如果充满信心，具有敢于同疾病作斗争的精神，则能加速康复，在治疗过程中，用药量小即可，或可不药而愈。相反，若意志消沉，情绪沮丧，则无力驱邪，或致恶化，且会产生并发症。

常言说得好，心病还得心药医。快乐是通往心灵安详的要道。乐观精神是治疗心病的无形妙药。医学家认为，乐观、开朗、愉快、喜悦的情绪，能增强大脑皮层的功能和整个神经系统的张力，促使皮质激素与脑啡肽类物质的分泌，使肌体抗病能力大大增强，并能极大地活跃体内的免疫系统，从而有利于防病治病。这就是说，用乐观的精神取代不良情绪，对人体健康十分重要。而且，除了快乐的情绪可以悦心以外，没有一种药剂是可以通心的。

一个人活不到应有的寿命，多是自己的过错。一个精神充实、生活快乐的人必然是一个心理健康的人，心理健康即是生理健康的重要保证，也是身体健康的重要标准。

## 睡得好，能量场才恢复得快

人在疲惫的时候，气场也是极其弱的。人不是机器，该休息的时候要休息。通常，最能帮助我们的身体恢复能量的是睡眠。所以，保证睡眠质量就显得尤为重要。

要想改善自己的睡眠，先要养成良好的睡眠习惯，注意生活有规律。

晚饭不宜过饱，临睡前不要进食，不饮用具有兴奋作用的饮料，不要进行运动量大的体育锻炼，不听节奏感太强的音乐等。不睡觉时尽量不进入卧室，没有睡意时不上床。有些人害怕失眠而提早就寝或由于失眠而晚起均是不可取的。

要认识到睡眠是一个自然过程，是生理现象，是由生物钟决定的本能现象，人为的努力不但无法奏效，而且，越是为入睡焦虑，大脑皮层就越兴奋，越难以入睡。要知道，为入睡而作出的种种努力，往往会收到完全相反的效果。每当你下决心不睡，希望能熬个通宵时，却偏又睡意绵绵。

所以，人应该顺其自然，不要强迫自己赶快入睡。应采取能睡多久便睡多久，躺着就是休息的态度。这样，人体会自动调整所需的睡眠时间。假如不去考虑睡得着睡不着的问题，自然就会较快地入睡。

**1.增强晚上想睡就睡的意念**

（1）避免午睡或白天小睡。

（2）减少卧床的时间。当睡眠效率降低至80%以下时，应考虑减少卧床时间，以提高睡眠效率。而随着睡眠效率的提升，再逐步延长卧床时间。

（3）白天运动、夜晚按摩。白天运动除了可强健身体、促进心情的调适外，运动时体温的上升可促进夜晚睡眠，特别是慢波睡眠。傍晚过后尤其临近入睡时，应避免做剧烈运动，否则临睡前仍处于兴奋状态的肢体及高体温将有碍入睡。一般而言，睡前6小时应停止剧烈运动。晚上则应用按摩或柔软体操来帮助肌肉放松。

（4）睡前冲温水澡。睡前冲温水澡有助于入睡，但应避免水温过热或过冷。由于入睡时身体偏好低温，洗热水澡会使人体温度太高而不易入睡，而过冷的水温则有促使清醒的作用。若想浸泡热水，则应提前至睡前2~3小时。

**2.避免入睡前食用兴奋性药物或酒精**

（1）摄取食物需注意营养的充足与均衡。白天食用富含蛋白质的食品及深海鱼油有助于体力及清醒度的维持，而晚上则应以碳水化合物含量高的食物为主，避免晚餐过度丰盛。

（2）睡前不抽烟。烟草中的尼古丁虽同时具有提神及镇静作用，但临睡前抽烟仍有碍入睡。

（3）睡前不饮酒。酒精刚开始虽有促睡功用，但是到后半段反而抑制睡眠。

（4）午后不喝含咖啡因的饮料。

## 运动提高生命质量,扩充气场能量

体育运动是人类自然性的一个重要体现,只要我们承认自己有自然性,就必须锻炼身体。在工作了一段时间之后,我们必须让身体进行锻炼,如同让饥饿的身体补充养料。现代人的生活节奏越来越快,工作压力越来越大,而锻炼的时间越来越少,人们的体质也越来越差。尽管我们的身体看起来还是很健康,但其实已处于一种亚健康状态。因为我们的心脏越来越脆弱,血液浓度越来越高,血脂越来越高,胆固醇越来越高,疾病随时都会侵袭我们的身体。因此,我们应该时时进行科学的锻炼,使身体保持健康的状态。

运动能使人健康。研究发现,长期进行体育锻炼能减少身体的电荷,使人消除疲劳,缓解精神紧张,使人精力充沛。体育锻炼还能刺激脑下垂体,使之释放5—羟色胺物质,有助于人们酣睡。

人体带有一定量的电荷,电荷量的多少与运动有关,运动少的人电荷特别强。带有强电荷的人常常会精神紧张,有的人甚至出现类似神经质的症状。

**1.每天坚持步行一会儿**

步行,类似于通常所说的散步,但又与散步有一点区别。这种步行有一定的步幅、速度和距离要求,既不同于散步,又不同于慢跑,简便易行,效果显著,被认为是中老年人和体弱者的一种最适宜的健身养生方法。在国外,它已成为增强心血管系统功能和心肌梗死症康复医疗的重要手段之一。许多心脏病患者就是从"走"开始恢复健康的。

目前,步行的方式一般分为四大类:竞技步行(体育的竞走)、普通步行、负重步行以及医疗步行。运动医学专家研究发现,大步疾走,即快走是最好的有氧运动,健身效果最好。它的步行速度一般认为应是每分钟133米(约每小时7千米),心率达到最大心率的70%。

步行是一种积极性休息的方式。美国著名心脏病学家怀特说:"轻快的步行(至有疲劳感),如同其他形式的运动一样,是治疗情绪紧张的一服理想的镇静剂。"每天应至少步行1小时作为保持心脏健康的一种手段。如果以每分钟平均走100步(中速)计算,步行1小时可走6 000步。运动医学博士赖维说:"轻快散步20分钟,就可将心率提高70%,其效果正好与慢跑相同。"

**2.选择适合自己的运动方式**

一般人往往根据自己的兴趣选择运动方式,结果却并不适合自己,从而对身体造成更大的伤害。健康专家认为,不同人群应该根据自身特点,选择不同的运动方式,亦即所谓的"运动处方"。

量体裁衣设计运动处方,首先需要到医院体检,确定自己属于哪类人群。其次是通过蹬车、上阶梯等耐力运动,做一次肌体功能评定。最后请医生按个体差异,为自己设计一个运动处方,确定合适的强度。

运动处方要求循序渐进地进行持续、长时间、有耐力性的运动,并将心率、血压、呼吸频率等数据记录在案,定期去医院进行复查,修改运动处方,使之趋于完善。如果运动后肌肉疼痛感持续两三天仍未恢复正常,这说明关节、肌肉承受的力量已经超过负荷,应该减少运动量。在通常情况下,每天运动时间不应少于30分钟。

对于年过40岁,或有心脏病、高血压或糖尿病等家族病史者,在实施规律且持续的运动计划前,尤其应该先由医生评估其健康状况与体能水准,来选择合适的运动处方。若某些部位曾有或现有疼痛、拉伤、扭伤、肌腱炎、肌肉僵硬或发炎等问题,都要经医生检查后建立属于个人的运动处方,避免运动后疼痛加剧,或是通过正确的运动逐渐减缓疼痛,达到复健训练的效果。

**3.养成进行有氧运动的习惯**

有氧运动并非老年人的专利,中青年人长期进行有氧运动,同样能获得理想的效果。那么,有氧运动具体来说有哪些好处呢?

有氧运动是最好的减肥运动方式。它能直接消耗脂肪,使脂肪转化成能

量被肌体组织消耗掉。据医生长期观察发现，减肥者如果在合理安排饮食的同时，结合有氧运动，不仅减肥能成功，并且减肥后的效果也会得到巩固。

有氧运动促进人体代谢活动。有氧代谢运动使人体肌肉获得比平常高出8倍的氧气，从而使血液中的蛋白质增多，供应全身的营养物质充足，使人体内免疫细胞增多，促进人体新陈代谢，使人体内的致癌物、毒素等及时排出体外，减少肌体的致癌因子和致病因子，从而保证健康。

有氧运动延缓了人体组织衰老。有氧代谢运动可明显提高大脑皮层和心肺系统的机能，促使周围神经系统保持活力，并且使体内抗衰老的物质数量增加，推迟肌肉、心脏以及其他各器官生理功能的衰老和退化，从而延缓肌体组织的衰老进程。

有氧运动能提高身体机能素质。它可以提高人体耐力素质，发展练习者的柔韧、力量等身体素质。

有氧运动对于脑力劳动者非常有益。加拿大多伦多大学健康教育家莱斯通过对800人的长期观察和300多个相关实验的研究发现，当人们感到大脑疲劳时，到室外跑步，可以使大脑的功能恢复到58%，而不做运动改吃药的话，大脑的功能只能恢复到40%~50%。有人便总结出来：慢跑是最佳有氧运动，对醒脑有奇效。

有氧运动具备恢复体能的功效，这是一种积极的恢复方式。如果人们在非常疲劳的时候，加入到一个令人兴奋的健康群体里进行健身运动，如在健身房中伴着优美的音乐做有节奏的健身运动等，这对未来的情绪及体力的调整效果最为明显。

## 掌控了情绪，就掌控了气场的阀门

大多数人有过受累于情绪的经历，似乎烦恼、压抑、失落甚至痛苦总是接二连三地袭来，于是频频抱怨生活对自己不公，企盼某一天欢乐降临。其实，喜怒哀乐是人之常情，想让自己生活中不出现一点烦心之事几乎是不可能的，关键是如何有效地调整、控制自己的情绪，做生活的主人，做情绪的主人。

许多人懂得要做情绪的主人这个道理，但遇到具体问题时就总是退缩，"控制情绪实在是太难了"，言下之意就是"我是无法控制情绪的"。别小看这些自我否定的话语，这是一种不良暗示，它真的可以摧毁你的意志，使你丧失战胜自我的决心。还有的人习惯于抱怨生活，"没有人比我更倒霉了，生活对我太不公平。"在抱怨声中他得到了片刻的安慰和解脱，觉得"这个问题怪生活而不怪我"。结果却因小失大，让自己无形中忽略了主宰生活的职责。所以，要改变身处逆境时的态度，用开放性的语气对自己坚定地说："我一定能走出情绪的低谷，现在就让我来试一试！"这样，你的自主性就会被调动，沿着它走下去就是一番崭新的天地，你会成为自己情绪的主人。

输入自我控制的意识是开始驾驭自己的关键一步。曾经有个初中生，不会控制自己的情绪，常常和同学争吵，老师批评他没有涵养，他还不服气，和老师争执。老师没有动怒，而是讲道理给他听，并列举了身边大量的例子，那个初中生嘴上没说却早已心悦诚服。从此，他开始进行自我控制，经常提醒自己主动调整情绪，自觉注意自己的言行。就在这种潜移默化中，他拥有了健康而成熟的心态。

其实，调整和控制情绪并没有你想象的那么难，只要掌握一些正确的方法，就可以很好地驾驭自己。在众多调整情绪的方法中，你可以先学一下"情绪转移法"，即暂时避开不良刺激，把注意力、精力和兴趣投入到另一项活动中去。

这实际上就是抛开过往的种种烦扰，往头脑里补充新东西，因为头脑每时每刻都需要新的东西补充，这种补充就能使情绪"转换器"发生积极作用。最好的办法是用充实的工作去补充、去转换,也可以通过参加自己感兴趣的活动去补充、去转换。如果这时有新的想法、新的意识突然出现,那就是最佳的补充和最佳的转换。

物理学家普朗克,在研究量子理论的时候,妻子去世,两个女儿先后死于难产,儿子又不幸死于战争。普朗克不愿在悲痛中度过余生,便加倍地努力工作来转移自己内心巨大的悲痛。情绪的转换不但使他减轻了痛苦,还促使他发现了基本量子,提出量子假说,最终获得诺贝尔物理学奖。

可以转移情绪的活动有很多,你最好还是根据自己的兴趣爱好以及外界事物对你的吸引力来选择,如各种文体活动、与亲朋好友倾谈、研究琴棋书画等。总之将情绪转移到这些事情上来,尽量避免不良情绪的强烈撞击,减少心理创伤,这有利于情绪的及时稳定。

情绪的转移关键是要主动及时,不要让自己在消极情绪中沉溺太久,立刻行动起来,你会发现自己完全可以战胜不良情绪,也唯有你可以担此重任。

## 每天花几分钟做松弛身心的练习

你若是能够认识到你并不是别人思想的接受者,而是你思想的主人,那你便会觉得很快乐。做松弛自己的练习时,请你一面体会我们所说的话,一面做一个深呼吸练习松弛。

首先,深深地吸入一口气,然后呼气,在呼气的时候,你要尽量放松、放慢,不要紧张,要好像非常悠闲。让你的头皮、额头、面部肌肉等,都完全放松。就是在平时,你的神经也并不需要紧张,尤其是在你阅读的时候。而且,如果你的头部松弛,你会觉得阅读会很舒适、很容易。

其次,令你的舌、喉和肩放松,你的手臂、手也要放松。即使你手握书本,也并不需要刻意用力。接着你令你的背部、胃部、腹部一处一处地放松,让你的深呼吸带给你十分轻松的感觉。

最后,放松你的双腿、双足。这样做后,你的身体全部都放松了,和未放松以前有了很大的差别。

你会发现,自己的身体原来一向那么紧张。是你把自己的身体绷得那么紧张,这表示你的精神也同样地绷得非常紧。在你完全放松了以后,你可以告诉自己:"我现在已经不再紧张了。我已经让紧张离去,让所有的恐惧也离去;我可以不再怨恨、不再惴惴不安、不再伤感,所有那些令我不快乐的感觉,我都在放松中让它们远远地离开了我。我现在很轻松,我对自己的生命和周围的环境都感觉很好、很安全。"

请把这种练习每天都重复地做上两三次。多多地去享受那种松弛后轻松愉快的感觉。假如你有困扰,随时可以做这种练习,把困扰赶走;假如你身体某处感到不适,做这种松弛练习,也可以帮助未病防范、有病治病。

每一次松弛自己,时间以15分钟最为适宜。

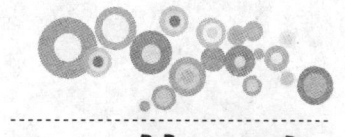

# 第14章
## 气场聚拢人脉,打造社交人气王的黄金法则

在人生中,有一种被称为"人际资产学"的感情户头,人们视此为个人的本钱。这种"人际资产"在我们面临事业上的竞争、人际事务的拓展时,可能会产生很大的助益。我们培养气场的目的是影响他人,让他人接受我们的影响,甚至让别人按照我们的思维去行事。任何气场,要影响他人,甚至让人屈服,必须强大,只有强大,才会给别人强大的压迫感,而压迫感必然带来不快。为了抵消压迫感带来的负面影响,我们还需要培养气场的亲和力,当亲和力抵消压迫感带来的不快时,我们就能与别人和谐融洽地相处。

## 人情是最经济的投资

喜欢别人,又能让别人喜欢的人,才是世界上最成功的人。成功的人大多喜欢交际,并结成自己的交际网。比如,你要某人推荐几个朋友,如果这个人是个失败的人,他会好不容易才为你提供一两个人,而且好不容易才找到这一两个人的地址和电话。成功的人就不同了,他们会推荐出一大堆朋友,而且是在长长的名单上寻找,因为名单上包括各式各样的朋友。由此就可显示出成功者与失败者在交友方面的差别。

成功的人大多会有很大关系网。这种网络由各种朋友组成,有过去的知己,有近交的新朋,有男的、有女的,有前辈、同辈或晚辈,有地位高的、有地位低的,有不同行业的,有不同特长的,也有不同地方的……这样的关系网,才是一个比较全面的网络。也就是说,在你的关系网中,应该有各式各样的朋友,他们能够从不同的角度为你提供不同的帮助;当然,你也要根据他们不同的需要为他们提供不同的帮助。这才是关系网应当具有的特征。

广泛与人交往是机遇的源泉。交往范围越广泛,遇到机遇的概率就越高。有许多机遇就是在与朋友的交往中获得的,有时甚至是在漫不经心的时候。在很多情况下,通过朋友的推荐、朋友提供的信息和其他多方面的帮助,人们才获得了难得的机遇。

每一个伟大的成功者背后都有另外的成功者。没有人是依靠自己一个人的力量达到事业的顶峰的,假如你决心成为出类拔萃的人,千万不能忽视人际关系,一定要建立好自己的人际关系网,因为这个关系网是能让我们终身受益的一种资本。

**1.以真诚换真诚**

大家也许听过这样一个故事。

一个男孩很生妈妈的气,想向他妈妈大喊他恨她,又害怕受到惩罚,就跑出家,来到山腰上对着山谷大喊:"我恨你!我恨你!我恨你!"山谷传来回音:"我恨你!我恨你!我恨你!"男孩吃了一惊,跑回家告诉他妈妈山谷里有个可恶的小男孩对他说恨他。于是,他妈妈就把他带回山腰上并让他喊:"我爱你!我爱你!"男孩按他妈妈说的做了,这回他发现,有个可爱的小男孩在山谷里回应他:"我爱你!我爱你!"

如果你用真诚对待身边的人,别人也会用真诚对待你,那么你就会赢得更多的东西。

我们所接触的人中,会有各种各样的人,他们中有与自己合得来的,也有合不来的。虽然我们有权利选择和什么样的人来往,甚至可以尽量不与和自己性格不和的人交往,但是,这绝不是一个英明的选择。因为无论在任何时候,我们都生活在一个集体之中,这就注定我们必须和这样那样的人相处。我们只有积极主动地适应对方的性格特点,真诚地对待身边的每一个人,才能建立良好的人际关系。

**2.保持适当的距离**

人际交往是满足人们需要的活动。心理学家霍曼斯早在1974年就提出人与人之间的交往本质上是一种社会交换,这种交换同市场上的商品交换所遵循的原则是一样的,即人们都希望在交往中所得到的不少于所付出的。其实,如果得到的大于付出的,人们也会失去心理平衡。

人际交往要有所保留,初入社交圈的人常犯的一个错误就是"好事一次做尽",以为自己全心全意为对方做事会令双方关系融洽、密切。事实上并非如此。因为人不能一味接受别人的付出,否则心理会感到不平衡。"滴水之恩,涌泉相报",这也是为了使关系平衡的一种做法。如果好事一次做尽,使人感到无法回报或没有机会回报,愧疚感就会让受惠的一方选择疏远施惠的一方。留有余地,好事不应一次做尽,这是平衡人际关系的重要准则。

留有余地,适当地保持距离,因为彼此的心灵都需要一点空间。如果你想帮助别人，而且想和别人维持长久的关系，那么不妨适当地给别人一个机会，让别人有所回报，不至于因为内心的压力而疏远你。"过度投资"，不给对方喘息的机会，就会让对方的心灵窒息。留有余地，彼此才能自由畅快地呼吸。

**3.让别人信任你**

拥有良好的人际关系的一个重要条件就是人际信任。人的感情沟通是同质的，爱引起爱，嫉妒引起嫉妒，恨引起恨，这是感情的正相关效应。所以，我们只能以爱来唤起爱，以爱来回报爱，以信任来唤起信任，以信任来回报信任。

由于许多原因，现在很多人在人际交往中存在的一个问题就是对他人难以信任，在有些人眼中，社会复杂得就像个黑洞，你无法看清它的真面目，他人都是心怀叵测、不可相信的。因此，在与人交往中，疑虑重重，唯恐上当受骗。对居心不良的人固然是要防备的，然而这毕竟是少数，不能因此连朋友也拒之千里。过分地狐疑、猜忌、不信任，会使人难以交友，无法形成相应的人际关系。在这种氛围中，工作学习都会受到影响，心理压力也会很大。

但是，也有些人容易走极端，在人际交往中对任何人都不设防，高度信任，这种做法也并不可取。有的人鉴别能力不是很高，过度的信任他人会使其丧失应有的警惕，使别有用心的人有机可乘。

## 增强气场的七种交际法则

人与人之间相处，人气指数很重要，通常人气指数与人缘成正比。

**1.努力使自己对别人感兴趣**

一个对周围的人真诚且感兴趣的人2个月结交的朋友，比一个力求使周围的人对他感兴趣的人2年结交的朋友还要多。

有一些人一生都在努力使别人对他感兴趣,而他们自己对谁也没表示过任何兴趣。这不会有什么好结果。这些人对别人都不感兴趣,他们只对他们自己感兴趣。

要想交朋友,就不能自私,要努力关心他人,而这些需要时间和热情。

所以,你想引起人们的兴趣,应遵循的第一条准则是:对别人表示出真诚的兴趣。

### 2.给人留下好印象

一次宴会上,有一位继承了一大笔遗产的妇女,她渴望给所有人留下美好的印象。她买了貂皮大衣和珠宝,但她不注意自己脸部易于显示激动和自私的表情。她不懂得每个男人都清楚,妇女的表情比她的服饰更重要。

表情和行动比语言更富有表现力。微笑似乎在说:"我喜欢您,您使我幸福,我高兴看见您。"我们喜欢狗的原因是,狗总是看见主人就很高兴,它会满意地跳来跳去!自然,我们也高兴看见它。有时,我们也会看见装出来的笑容,不过这种笑谁也瞒不过。装出来的笑容只能使人感到虚假。要给别人留下好印象,就要露出使人感到温暖的微笑、发自内心的微笑。

### 3.善解人意,体贴别人

一个体贴别人的人,总是设身处地地为别人着想,不让别人紧张、拘束,更不会让别人尴尬难堪。据说,莎士比亚就很善解人意,在和人交往的过程中,能根据交往对象的不同特点和时间、地点的不同而变化。文学批评家威廉·哈兹里特指出:"莎士比亚完全不具有自我,他除了不是莎士比亚之外,可以是其他任何人,或是任何别人希望他成为的人。他不仅具备每一种才能以及每一种感觉的幼芽,而且他能借着每一次的命运改换,或每一次的情感冲突,或每一次的思想转变,本能地预料到它们会向何方生长,而他就能随着这些幼芽延伸到所有可以想象得出的枝节。"

### 4.成为好的对话人

成功交谈的秘密在哪里?著名学者查理·艾略特说:"一点儿秘密也没

有……专心致志地听人讲话这是最重要的。什么也比不上注意听——这种对谈话人的尊敬了。"倾听可以使他人感到受尊重和被欣赏，而这一点正是对方想要的。

你如果想成为被人喜欢的人，请记住第四条准则：要善于注意听别人讲话并鼓励其讲话。

**5.激起他人的兴趣**

假若你想使人喜欢你，要遵循的第五条准则是：请谈论使你的对话人感兴趣的东西。要想找到打开人心扉的钥匙，必须同他谈他最向往的东西。

兰博在即将被选为副经理时，忽然有一位董事表示反对，这个意外的出现，使兰博的任命搁置下来。

兰博从朋友那儿打听到这个董事有收藏古籍珍本的嗜好，每当遇到知音和被人称赞时就非常兴奋。兰博打电话给这位董事，真诚地说："如果在你的书室能欣赏到被人们赞誉的宝书，将是我一生的荣幸。"

董事邀请兰博来到自己的书室，并向兰博介绍了部分古籍的来历。

兰博一边看一边由衷地称赞，感谢董事让他大开了眼界，增长了见识，并时不时地向董事投去钦佩和敬仰的目光。

通过这次交流，董事对兰博当副经理的事完全赞成了，而兰博也敬佩董事的博识，两人成了知心的朋友。

**6.一见面就使人高兴**

有一条十分重要的涉及人们品行的准则。如果不轻视这条准则，你几乎永远不会落入困难的境地。谁遵循这一准则，谁就将有众多的朋友并经常感到幸福；谁违反这条准则，谁就会遭受挫折。这条准则是：尊重他人的优点。遵循这一准则，你将得到你所接触的人的赞扬，你将让别人承认你的优点，你将在那个小天地里感到自己能起些作用。

人与人的交往沟通主要靠语言，要讲对方想知道的、感兴趣的、关注的话题，讲他爱听的话，多赞美他。如果说，批评和鼓励都是催人上进、激人发奋的一种手段，那么，在多数情况下，适当的赞美往往能收到更好的效果。一个笑容可掬、善于发现和挖掘他人优点并给予赞美的人，肯定会受到别人的尊重和喜爱。

在生活中，每个人都希望得到他人的赞美。赞美会激发受赞美者的自尊心和自豪感，从中了解自己的优点，认识自身的价值；赞美能使人际关系和谐，给人带来美好的心境；并且，人们在鼓励、尊重对方的同时，也丰富了自己的生存智能。

**7.给别人保留面子**

你伤害过谁，也许早已忘了，可是被你伤害的那个人永远不会忘记，他决不会记住你的优点。

给他人保住面子，这一点很重要，而我们却很少想到这一点。我们常常是无情地伤了别人的面子，伤害了别人的自尊心，伤了别人的感情，却又自以为是。我们在他人面前呵斥一个小孩或下属，甚至对他们进行粗暴的威胁，却很少去考虑人家的自尊心。其实，只要冷静地思考一两分钟，说一两句体谅的话，对别人宽大一些，就可以减少对别人的伤害，事情的结果也就大大地不同了。

1922年，经过几个世纪的敌对之后，土耳其终于下决心把希腊人逐出土耳其领土。穆斯塔法·凯末尔对他的士兵发表了一篇演说，他说："不停地进攻，你们的目的地是地中海。"于是，近代史上最惨烈的一场战争展开了。土耳其最终获胜。

当希腊的迪利科皮斯和迪欧尼斯两位将领前往凯末尔总部投降时，土耳其士兵对他们大声辱骂，但凯末尔却丝毫没有显现出胜利的骄气，他握住他们的手，说："请坐，两位先生，你们一定走累了。"

然后，在讨论了投降的有关细节之后，凯末尔安慰这两位失败者，他以军人对军人的口气说："两位先生，战争中有许多偶然情况，有时最优秀的军人也会打败仗。"

凯末尔即使在全面胜利的兴奋中，为了长远的利益，仍然记着这条重要的准则——给别人保住面子。

要能够仔细分辨别人的意图、动机、感受和思想。一个社交能力强的人，必定是会盘算的人，他们会考虑到自己行为的后果，会盘算别人可能的行为，会计算自己的利益和损失，而所有这些盘算，都是在相关因素可能变动的情况下作出的。因此，只有认知能力较强、善于察言观色的人，才能在复杂多变的情况下，作出这些盘算来。这种人际交往智慧每个人都具有，关键是我们该怎样使它们不断增强，怎样使它们在生活中发挥出来。

## 彬彬有礼可增添你社交的人气

礼仪如春风化雨，礼仪会提高你的交际品位。奥里森·马登说，如果你的社会关系是一台机器，那么，彬彬有礼的态度就是那部机器中的润滑剂。

常言道，礼多人不怪。当代社会，社交礼仪不可忽视。"彬彬有礼"已经成为判断一个人社会地位和受教育程度的标准，也成为衡量一个现代人基本素养的客观依据。其实，不知你是否意识到了，在大多数情况下，你的交际成功与否，你的事业发展与否大都取决于你对他人是否尊重。例如，欧美的脱帽、拥抱，中国古代的作揖就是人们最起码的见面礼。在现代社会，人们行握手礼，即见面时，双方往往先打招呼，然后相互握手致意。关系亲密的朋友，可以伸出双手久握和用力握。关系一般的人，可伸出手一握即止，这就是"礼"。

中国自古就是一个礼仪之邦，中国人的民族性格较西方人含蓄得多，因此，更为讲究礼节。过去由于传统文化的束缚，很多人重视繁文缛节，使得人们对"礼"的认识发生偏差，现代中国人的礼仪观念日趋淡漠，以至于片面以为只有对长辈、上司才讲礼节，对晚辈或与自己没有利害关系的人，就

无需多此一举。甚至,有的人认为,礼仪只是社交上的一种手段。

其实人人都希望受他人尊重,都想活得理直气壮。一个人只有受到别人的认可和尊重,才能进一步肯定自己生命的意义。由此看来,尊重、体谅等礼节绝不是规章条文,也绝不是口是心非的问候,而是发自内心的真诚的行为。

那么,如何让自己彬彬有礼,从而为自己的社交打开局面?这里应该从以下几个方面入手。

1.握手

多数用于见面致意或问候,也是对久别重逢的亲友相见或辞别时的礼节。习惯上,握手还是一种感谢或相互鼓励的表示。比方说赠送礼品或颁发奖品后,都可以用握手来表示祝贺、感激或鼓励之意。

2.点头

这是与别人打招呼时的礼貌举止。通常用于迎送的场合,尤其是在迎送许多人时,用点头就可以向许多人同时致意,表示见面时的喜悦或离别时的惆怅。在其他场合有时也用到点头。

3.举手

这也是与别人打招呼时的礼貌举止。通常用于和对方远距离相遇或仓促擦身而过的时候,它的用意在于表示自己认出了对方,但因条件限制而无法站停施礼或与对方交谈,用这种随机的礼貌可以消除对方的误会,并达到与正常打招呼差不多的满意效果。

4.起立

这是位卑者向位尊者表示敬意的礼貌举止。现常用于集会时对报告人到场或重要来宾莅临时的致敬。平时,坐着的男士看到站立着的女士,或坐着的年轻者看到刚进屋的年长者,或者在目送他们离开时,也可以用短暂的起立来表示自己的敬意。

5.欠身(弯腰)

欠身或者弯腰，都是向别人表示自谦的礼貌举止，也就相当于在向对方致敬。它与鞠躬的差别，只是程度上的不同而已，即鞠躬要低头，而欠身或弯腰仅仅是身体稍向前倾，但不一定低头，两眼也仍可直视对方。

### 6.鼓掌

这是表示赞许或向别人祝贺的礼貌举止。通常用于聆听别人的长篇讲话和讲演，看完、听完别人的表演、演奏之后，用以表示自己的赞赏、钦佩或祝愿。鼓掌一般出声，但也可以不出声而仅仅作出鼓掌的样子，不过应当让对方直接看到。

### 7.抱拳

这是身份相仿者之间相互致敬意的礼貌举止，它是由我国古代文人在相互见面或告辞时，互作长揖的礼仪动作演变而来。

### 8.合十（即两手合拢置在胸前）

这是兼含敬意和谢意两重意义的礼貌举止，最初仅通行于出家人即佛门弟子之间，以后逐渐流传到俗家人中间。因为这种礼貌举止很文雅，为雅俗共赏，所以不少人也乐于使用。

### 9.拥抱

这是表示亲密感情的礼貌举止。通常仅用于外事及送往迎来的特殊场合。有时，有前嫌的双方在误会消除时也常常用拥抱来表达一些难以用语言来说明的复杂感情。但这种表达方式在我国异性之间的运用都比较慎重，轻易不大使用。

当然，表示礼貌的举止有很多，这里只不过是提及其中比较常见的几种而已。从根本上说，这些礼仪举止是我们任何人都能做到的，只要在日常生活中留心一二，其包含的各种思想感情就会融入到别人心田，受到别人的由衷称赞，这不仅说明你是一个礼貌的人，更可以使你在人际交往中如鱼得水，顺畅自如。

## 培养具有亲和力的气场

某些人的人缘特别好,即使是第一次与人交往,也特别吸引人,讨人喜欢。这到底有什么秘诀?

人并非强迫他喜欢谁,他就喜欢谁。

也有这样一种人,虽然他是我们当中最优秀的,但是我们不见得会愿意与他深交。如果要问理由,那只有一个,和他在一起觉得不自在。因为他所散发出来的优秀气势,让我们感到压抑、感到自卑。即使这个人再杰出,人们也会对他敬而远之。

下面列举的,是一般人的三大心理需求。如果你能把握好这三种需求,就能提高你的吸引力、亲和力,让你获得好人缘。

**1.容纳**

容纳是人际关系的营养源。每个人都希望自己完完全全地被接受,希望能够轻轻松松地与人相处。

在一般情况下,很少有人敢完完全全地暴露自己。所以,若是有人能让我们感到轻松自在、毫不拘束,我们是极愿和他在一起的,也就是说,我们希望和能够接受我们的人做朋友。

爱吹毛求疵的人,一定不容易交到好朋友。请不要设定标准让别人的行动合乎自己的准则。请给对方保持自我的权利,即使对方有某些特殊爱好也无妨。

别要求对方的行动完全符合自己的要求,要让你身旁的人感到轻松自在。

能接受任性、粗暴的人往往具有带动他人向上的巨大力量。

有位心理学家说:"要改变一个任性或粗暴的人,除了对他表示好意,让他自己改变之外,再也没有其他更好的方法了。"

很多优秀的人虽然能影响本质善良的人,但是对于任性、粗暴的人,他们往往束手无策。为什么呢？因为优秀的人通常没法接受粗暴的人，在感情上并不容纳他们，这怎么能使对方变好呢？一位有名的精神科医生谈到人际关系中的容纳问题时说："如果大家都有容纳的雅量，那我们就失业了！精神治疗的真谛，在于医生们能找出病人的优点，接受他们，也让病人自己接受自己。每个人刚生下来时，都很轻松自在，同时呈现出恐惧与羞耻心。医生们静静地听患者的心声，他们不会以令人反感的道德式的说教来批判任何人，所以，患者敢把自己的一切讲出来，包括他们自己感到羞耻的事与自己的缺点。当他觉得有人能容纳、接受他时，他就会接受自己，有勇气迈向美好的人生大道。"

**2.承认**

每个人心里的第二渴望就是获得承认。

承认比容纳更深一层。容纳，实际上是被动的做法。我们容纳对方的缺点与短处，这只是被动的做法。主动的做法就是找出对方的长处，而不光是停留在接受、忍耐对方的缺点上。

有一天，一位父亲带着自认为无可救药的孩子到心理学家那里。这个孩子已经被灌输了自己没有用的观念。刚开始，他一语不发，不管医生怎样询问、启发，他绝不开口，心理学家一时无从着手。后来心理学家从孩子的父亲所说的话里找到了医治的线索，因为他的父亲坚持说："这个孩子一点长处也没有，我看他是没指望、无可救药了！"

心理学家开始应用承认的方法，找出孩子的长处——孩子不可能没有任何长处。最终医生发现这个孩子喜欢雕刻，甚至可以说在这方面具有很高的天赋。孩子喜欢雕刻，家里的家具常被他划伤，到处是刀痕，因而常常受到惩罚。心理学家买了一套雕刻工具送给他，还送他一块上等的木料，然后教给他正确的雕刻方法，不断地鼓励他："孩子，你是我所认识的人当中最会雕刻的一位。"

从此以后，医生和孩子接触得频繁起来。心理医生在与孩子的接触中，慢慢地找到他的其他优点来肯定他。后来有一天，这个孩子竟然不用别人吩咐，主动打扫了房间。这件事情，使所有的人都吓了一跳。心理学家问他为什么这样做？

孩子回答说："我想让老师您高兴。"

被人承认是每个人所渴求的，而要满足这个欲望并不难。

你对一位电脑专家夸他眼光好，夸他善于看行情，能洞悉电脑发展的趋势，他可能不以为然，觉得你不过是在拍他的马屁而已。因为他本身已承认自己是电脑专家。不过，如果换一个角度，你夸他做的家常菜十分有味道，也许他就会乐昏了头。

称赞人的原则是：夸奖别人还没有显现出来的长处，才能使人快乐。每个人都拥有不大为人所知的优点，为什么我们不去发掘这些尚不为人知的方面呢？

### 3.重视

每个人都希望受人重视。

所谓重视，就是提高其价值。我们都希望别人能够重视自己的价值。

重视的反义词就是轻视。

请别忘记人是世界上最尊贵、最重要的生物。为了表示我们对别人的重视，请注意以下几种方法：不要怠慢人；对于不能立刻会面的拜访者，应尽早约他会面；时时感谢别人；对人"特别"招待。

美国前邮政部长詹姆士·法利是一位亲和力强、重视别人的人。法利先生是一个知道如何增强亲和力、让人喜欢自己的专家。有一次，在费拉德菲尔城举办的一次"读书和读者"会上，当法利先生和其他演讲者到宾馆去吃午饭的时候，他们在走廊遇到了推着餐车的女服务员，餐车上放着桌布、毛巾和其他用具。其他人绕过餐车走了进去，这位服务员丝毫没有注意到他们。这时，法利先生向她走了过去，并且伸出手说："嗨，你好，我是詹姆士·法利。能告诉我你的名字吗？很高兴认识你。"

当这群人走过大厅的时候，一些人回过头看到那位女孩嘴巴张得大大的，显得十分惊讶，但是，她的脸上立即绽开了甜美的微笑。

法利是一个在现实生活中很成功的人士，在社交场合中平易近人，善于营造舒适、自然、轻松的气氛，拥有良好的人际关系。

每个人都认为自己是个独特的个体，是个"特别"的存在。所以，我们要注意这点，承认每个人的独特的价值，然后给予重视，这样自然会赢得别人的真心微笑与亲近。

## 谨遵以和为贵的法则

儒家有一句名言，"以和为贵"。治家者有一条经验，"家和万事兴"。经商者有一个信条，"和气生财"。治国者讲究和平。由此可见，谋"和"是人生的一个重要组成部分。古往今来，"和"是贤者仁人所追求的境界。在历史上，谋"和"、求宽容的例子更是屡见不鲜。这一切无不在昭示人们"以和为贵"，不要与邻为壑，"和"能平息仇恨的怒火，使仇人之间不再冤冤相报，而是化干戈为玉帛。

日本人也很重视"和"，甚至有的企业家把它当做自己的经营理念和企业精神。但中国人主张的"和"与日本人所尊崇的"和"有所不同。日本人的"和"是指完全抛却自己的主张，众口一词，赞同团体的意见，最终达成一致的看法。它比较接近孔子提出的"同"。"同"是没有自己的主见，盲目附和别人，人云亦云。孔子说："君子和而不同，小人同而不和。""和"是指一方面坚持自己的独立自主，另一方面又能与周围的人相互协调，"和则生物，同则不济"。

"以和为贵"也是治国者的方略，因为它蕴涵和平、太平、平安之意。治国者都希望国家太平，没有纷争，和平发展，没有战争。林语堂认为"和平"是人类的一种卓越认识，中国人尤其热爱和平，反对战争，因为中华民族是理性的民族，受"和为贵"理念的浸润和熏陶，人们从小就形成了一种以和为贵的人生理想。

"以和为贵"也体现在人与自然环境的和谐上。社会的进步，科技的发展，极大地提高了人类的生活水平和生存质量，但同时也带来了许多负面影响和危害——空气污染、资源枯竭、环境恶化……人与自然的矛盾日益突出，应用"和"的理念来整合人们的思想意识，指导人们去行动，实现人与自然的和谐。

"和"在今天仍是一条协调人际关系的重要原则。社会生活的多样化、复杂化使得人与人之间产生种种不和，不和就会产生分歧，有了分歧就会导致摩擦，摩擦导致矛盾，矛盾激化就会导致争斗。特别是当人们之间有利益冲突时，斗争就难免了，而且斗的方法也不胜枚举。既有明争也有暗斗。然而，不管是哪种斗争方式，都会伤了彼此间的和气，造成不必要的损失。

做人应求"和"，而不求"同"，要和而不同。提倡"和"，不是要求人们都抱成一团，讲求一团和气，无原则立场地妥协和谦让，而是为了追求一种团结进取的和谐的人际关系，追求工作上的互帮互助的氛围和对人对己宽容大度的气量。"和"是成就事业的良好环境，是每个人都追求的目标。一个和睦的家庭，会令人感到温暖；一个和谐的人际关系，会使人感到舒畅；一个和平的环境，会使人安心地搞建设；一个祥和的气氛，让人世充满了温暖。

## 摒弃以自我为中心的观念

有些人在处理人际关系时，往往过于看重自己，把自己放在最中心的位置，以自己的情绪为情绪，自己的意志为意志，凡事都只希望满足自己的欲望。他们不愿为别人作半点牺牲，不关心他人，要求所有的人都以他为中心，恨不得让地球都围绕他转、服从于他。他们不愿从客观实际出发，不能服从他人及集体。这种人强烈希望别人尊重他，却不知道自己也得尊重别人。总之，这些人心中充满了自我，却唯独没有他人，信奉的是"人不为己，天诛地灭"的信条。

无疑，这种过于以自我为中心的意识于他是极为不利的。这会严重影响他的自我形象，会被人厌恶、瞧不起。这种人由于一门心思都放在追逐蝇头小利与意义不大的个人得失上，没有崇高的理想、远大的目标，因而也不可能拥有好的人际关系。试想，谁愿意与这样的人长期合作共事或终生为伴呢？很"自我"的人由于过分看重自己，往往既失去了朋友，最终也失去了自己。可以说，这种人到头来得到的只是芝麻，而失去的是西瓜，真是得不偿失。

那么，如何才能克服这种以自我为中心的意识呢？

**1.改变自己的认识**

你要正视社会现实，社会上的每个人都有自己的欲望与需求，也都有个人的权利与义务，这就难免会出现矛盾，不可能人人如愿。这就要求人人正视客观现实，学会礼尚往来，在必要时作出点让步。当然你有承认自我与满足欲望的权利，但也不能只顾自己、忽视他人的存在。如果人人心中都只有自我，那么，人人都不会有好日子过。

**2.从自我的圈子中跳出来，多设身处地地替其他人想想**

理解他人，并学会尊重、关心、帮助他人，这样才可以获得别人的回报，从中体验人生的价值与幸福。

一个过分自我的人是根本不懂得去尊重别人的。但是，尊重别人的人格是赢得别人喜爱的一个好方法。人格，对每个人来说，都是最重要、最宝贵的。每个人都有这样一个愿望，那就是使自己的自尊心得到满足，使自己被了解、被尊重、被赏识。如果你不尊重别人的人格，使别人的自尊心受到伤害，如果他不是一个精神境界极高的人，当时，他或许会一笑了之，但是，

他以后是不会很喜欢你的。相反,如果你满足了他的自尊心,使他有一种自身价值得到肯定的感觉,那么,他会对你所做的一切表示感激。他对你有一种感激之情,会因此而喜欢你。

很多高明的政治家精于此道。为了笼络人心、赢得别人的拥护和支持,他们绝不轻易伤害别人的自尊和感情。一位研究华盛顿政治舞台的专家指出:"许多政客能做到面带微笑和尊重别人,无论别人的想法如何,他们都会表示同意。他们会盘算别人的心思,并且能掌握这些心思的动向。"

不要贬低别人的人格,不要伤害别人的自尊心。只有尊重别人,别人才会喜欢你。你满足别人的精神需求,别人才会满足你的精神需求。

**3.提高自身修养**

充分认识到以自我为中心的意识的不现实性、不合理性及危害性,学会控制自我的欲望与言行,把自我利益的满足置身于合情合理、不损害他人的基础之上,做到把关心分点给他人,把关心留点给自己。

## 与难处之人的相处之道

并不是所有的人都容易接近,在生活中,我们经常会碰到所谓难以相处的人。在难以相处的人中,有的人整天沉默寡言,即使你找话题,他也不搭不理;有的人高高在上,目中无人,似乎对你充满敌意;有的人成天牢骚满腹,怨天尤人;有的人对你的工作吹毛求疵,百般挑剔;有的人浅薄无聊,充满低级趣味……如果和这些人只是偶尔相处倒也罢了,问题是有时你会被迫长时间地和他们交往、相处和共事,在这种情况下,你的烦恼是可想而知的。如何与这些难以相处的人交往,这的确可称得上是一门艺术了。

**1.从自己身上查找原因,让自己平易近人**

你必须明确,造成难以与人相处这种困扰是不是你自己的问题,是不是你对别人要求过高造成的。你可看看你所认为的"难以相处者"在其他人眼里是否也是难以相处。如果别人并没有这样的感觉，那你就要从你自己或你们两人的关系上找原因了。

如果是自己的原因，那就要先改变自己，让自己尽量平易近人。

**2.运用移情法**

对一名真正的难以相处者，你要学会设身处地地了解他的处境，即运用移情法。你不必同他争执，更不必强迫他去做些什么，而应心平气和地询问他采取这种方式对待别人的原因，在这种情况下，即使你的目的没有达到，也能在一定程度上缓和你们之间的关系。当然，即使他所说的原因在你看来可能是十分荒谬的，你也不必马上去反驳他，而应设法从他的言谈中发现某些真实的成分（这是一定有的），这样做，能够进一步缓和你们之间的关系，使双方都觉得心情舒畅。

**3.倾听与沟通**

当然，要做到上面说的移情并非一件容易的事。在此，建议你学会采用一些心理咨询专家经常采用的方式，即学会倾听，"听"有时会比成百上千的"说"还要重要。同时，你还可采用适当的方式让他知道，你对于他对待你的方式方法感到十分不安。这种做法常能缓和难相处者的敌对情绪。如果在这种情况下，对方仍没有领你的情，你可直言向他表白"现在"不是交谈的最好时机，"过一段时间"你们再进行更多的交流，并强调这是你们双方必须做的工作。这样做的目的，是使双方都能得体地从僵局中摆脱出来。如果你能以一种宽容大度的方式对付"难以相处"的人，那么久而久之，对方也会自觉不自觉地改变他的行为，而同你的高水平看齐，这样就避免了很多不必要的麻烦。

**4.进行自我克制**

一个人必须有自我克制的能力，对和自己打交道的人千万不要表现出不耐烦，尤其是对那些你可能是特别不喜欢，甚至是特别讨厌的人。你不要感情冲动，只要你冷静一点，尽可能地把那些令你讨厌的人的优点、他的过人之处列举出来，你就会克制自己的感情。如果你每天列举一点，久而久之，你就会惊奇地发现，你原来不喜欢的那个人竟然会有那么多值得人喜爱的品质。在发现了他的可爱之处后，你就会猛然觉得自己没有理由讨厌他。当然，在你对别人有这些新发现的过程中，别人也会对你有许多新发现，也会发现你的许多可爱的品质。

如果你已经走完了人生的一大半，却还没有建立起和谐的人际关系，你不要认为一切都不可改变了，你应该采取明确的步骤去解决这一问题。只要你愿意为此付出努力，你完全可以改变自己，成为一个知名度很高、受人喜爱、受人尊敬的人。下面这句话或许可以用来让我们共同警醒：一个人的最大悲剧是用一生的时间来为自己的过错掩饰和开脱。这就像一台电唱机上放置了一张有缺陷的唱片，当电唱机的唱针陷入唱片的凹槽时，它会反复播放同一曲调。这时，你必须把唱针从唱片的凹槽中拿出，这样，你就不会再听到不和谐的曲调了，而会听到旋律优美的乐曲。不要再浪费时间去为你在人际关系方面的失误作辩解，而要把这些时间用于完善自身的性格，去赢得别人的友谊。因为和谐的人际关系是成功的最重要的条件。

## 与同事的关系融洽和谐

俗话说"职场如战场"，在工作中，每个人的目的都是不一样的，因此，同事之间的关系也显得错综复杂。

**1.学会与有棱角的同事相处**

一位评论家强调：平时须与有癖性的人交往以锻炼自己，使自己成为坚强的人。有癖性的人，全身上下都有棱角，刚开始与这样的人交往可能不习惯，会因与其棱角对抗而伤痕累累，但绝不可因此退却，否则便会失去锻炼自己的宝贵机会。要学会忍受，要喜爱那些有棱角的人。这样，不管遇到多么尖的棱角，也不会感到痛苦，甚至会觉得那是一种快感。这样，你便有可能成为圆融的人，有限的人生也能获得最大的愉悦。长期与有癖性的人交往，对方的棱角会融入你的体内，并渗入血液，由于体内吸收了异己的分子，便能感觉到自己变成了一个更有深度的人。

在职业生涯中，你不得不与形形色色的人物打交道，不要因对方是自己不喜欢的人，就厌恶他；不妨学习与这种人适当交往的办法，这样，自己也能渐渐地成长为有度量的人，而能在工作中崭露头角。

**2.同事之间不可随便交心**

做一个"公司人"，社交活动不免与公司有关。下班之后，与同事一起喝杯酒，聊聊天，不但有助于日常工作，还可能知道与公司有关的消息。因此，公司所办的各种聚会，自然要参加，与同事及上司打一两场"社交"麻将也有必要，但有一点切记：不可随便交心。

同事之间，只有在大家放弃了相互竞争，或明知竞争也无用的情况下，才会有友谊的存在。否则，交了真心，动了真感情，只会自寻烦恼。比如说，甲与乙是同级，而且是好朋友，只有一个升级的机会。如果甲升了级，乙会没有升，乙怎样想呢？乙若继续与甲友好，免不了会被人认为是趋炎附势；甲主动对乙友好，也并不自然。

**3.愚直只会招来不虞之灾**

有一所著名的大学，曾经举办了一个为期13周的经营理论讲习班，主题就是"诚实与坦率的好处"。1年后，有人着手调查，发现当时参加讲习班的人，有一半以上已经离开原来的工作单位。经过一连串的追踪采访，才知道他们把讲习中学来的管理法，应用到工作上，而导致严重的矛盾冲突，不得不挂冠而去。

合理的坦率与正直，乍看之下是非常可爱的，但是，如果一再应用，却会把友谊、婚姻、交易和事业等，慢慢导向破灭之途。比如一个满口讲理论、个性坦率而愚直的人，多半不会受到周围人的欢迎。这种人如果担任公司主管职务，等于将最脆弱而无防备的一面暴露给一些想讨好主管上级的下属，为他们制造许多越级打小报告的机会，同时使自己的把柄落在工作上的竞争对手手中。

每个人都有自我形象，且在心中以最高的诚意供奉着这个形象，不容别人加以毁损，更不欢迎那些心直口快的人，任意将实情点破，作毫不留情的批判。因此，自认坦率的人，必须对这个问题多费一点心思去作深入的了解。

**4.不谈同事的隐私**

"嘿！他真是守口如瓶。"如果一个人能被他人这样认为，那他一定是具有强大说服力的人。

常常有人借着喝酒来说上司的坏话，批评老板的作风，谩骂公司的制度不健全……这些都可说是公司里常见的一种现象，而这些人也喜欢借喝醉酒来胡言乱语，甚至说大话。

"……哈……科长的太太红杏出墙，谁不知道。可怜的科长老是教育我们别到外面去风流，没想到，自己的太太却……哈哈"

同事之间往往会无意中把在某酒廊听到的事，在办公时间内说出。

如果，这件事传到科长的耳朵里，他会怎么办呢？到处散布同事坏话的人实在是太没有道德了！

"……那个家伙实在是太多嘴了，留不住一句话，可恶极了！"如果被其他同事这样认定，同事之间的情谊就完了。

像一些极粗鄙的话，如果被心怀不轨的同事听到，很可能会加油添醋地到处宣扬。因此，有关朋友的隐私和秘密，以不说为佳。

**5.以退为进**

虽然管理的职位愈来愈少，但你想担任管理职位的心情如果越迫切，就越会引起相反的效果。若同事比自己较早升任主管，你就妒恨的话，那么，主管的职位就会离你更远了。

人一焦躁或妒恨时,心理就会失去平衡,并产生异常的心理。心态异常的人,是很容易失去机会的。

当同事比你抢先出头时,你不要着急,也不要妒忌,而应该尽全力工作,周围的人不会是瞎子的。这就是一种以退为进的办法。

工薪阶层职员的沉浮,完全是由上司的看法和周围的状况决定的。你必须懂得以退为进的办法。如果同事升迁你就表示不满,朋友薪水比你高你就眼红的话,你便不能出人头地了。以曲线式的想法来说,你若不了解"以退为进"、"后来居上"的战术,必定无法取得胜利。

**6.了解公司内的派别**

组织越大,人际关系也愈复杂。大公司不像小公司,彼此关系如何一目了然。在大公司里利害关系更复杂,因此也容易产生一些"派系"问题。

上司都希望能得到下属的支持,而且拥护者越多越好。因此,新进人员不得不被卷入派系斗争中去。不论是看法与自己一致的下属,还是对自己唯唯诺诺的下属,上司都想纳入自己的旗下。可是对做部属的人而言,如何跟对人,是颇费神的一件事。哪个上司是真正看中自己的才华,哪个上司能使自己的才华得以发挥,一个新进人员必须睁大眼睛,小心观察。

要了解这些,就必须了解公司内的人际关系。而这些方面通过公司旅游或聚餐等活动,在与其他人共处的场合中,看看上司对自己的态度如何,就可窥知一二了。当然,利用同事间传达的消息,也是一个好方法。

当然,得知了这些资讯,并不是要我们不择手段打入某个团体中,那是小人的作风。我们只要冷眼旁观,不被卷入不良团体中即可,保持中立是绝佳法则。

# 第15章
## 气场强情场顺,用气场增强你的幸福运

恋爱中的男女,如何赢得对方的好感?婚姻中的两性,如何赢得持久的幸福?要想赢得稳定的爱情和持久的幸福,自己就要有吸引对方的地方,有让对方感动的一面,也就是要有自己的情感气场,用你的情感气场制造"亲密感",让对方对你欣赏和入迷,在心灵和情感上产生共鸣。这就要求你在增强自身魅力的前提下,婚前婚后多设身处地地替对方着想,彼此多一些理解、同情、原谅与宽容,依靠双方的关心和交流,共同提升婚姻的质量,提升幸福的指数。

## 恋人之间如何保持吸引力

所谓神秘感,是指由于男女间的性别差异(包括生理和心理)而产生的新鲜、奇特、深奥莫测等体验。它在整个恋爱过程,乃至婚后夫妻生活中,都起着一种特殊促进和至关重要的心理作用。男女间的神秘感激起两性间的好奇,在这种好奇心的驱使下,两者要求接触并且相互探索,在接触、探索过程中,如果彼此欣赏、富有吸引力,就会产生好感。在好感的基础上,由对方神秘性产生吸引力,通过进一步的了解,若相互发现许多发光的东西,那么,爱情就会产生。如果异性间没有对这种神秘感的探索,那么,两人的吸引力便无从产生,也就根本谈不上爱情。

为了增强神秘感,保持恋人间的吸引力,可以采用下列几个具体做法。

**1.生活情趣,改变单一的、日复一日的、没有变化的生活**

比如,突然地给对方带来一个惊喜,或者将自己改扮一番装束,变化一下发型,或者改变自己的房间布置等,都会使恋人感到新鲜和愉快。

**2.保持礼貌,彼此尊重**

尽管两人经过热恋,彼此不分你我,但仍然要像初恋时那样保持礼节,不要失去原先的温柔和体贴,因为任何不尊重对方的言行,都会大损自己的吸引力。

**3.偶尔做短暂分离**

恋爱不在于朝朝暮暮,俗话说,小别胜新婚。特别在闹了一些矛盾之后,短暂的分离,不但使双方都有时间去冷静地思考、反省,而且,分离后相见时的神秘感也会成倍增长。

**4.尽量避免、减少肉体上的接触**

恋爱中的亲吻、拥抱、抚摸之类的行为,是无可非议的,它们可美化

和促进两人的爱情，但是，次数不能过于频繁。这与我们饮食一样，少吃多味，多吃味少。

对于婚前性交，从性生理和性心理角度来看，都不宜进行。千万不要频繁地、一丝不挂地暴露在恋人面前，这会使你失去性的神秘感。每个人性交的生理反应基本上是近似的，但心理状态各不相同。追求性的神秘感和新鲜感，正是那些喜新厌旧之辈的心理动机和驱使力。

男女间要相互保持吸引力，是一种难度很大的艺术，其具体做法远不止上述几点，希望能举一反三。但是，保持神秘感决不是故弄玄虚，彼此隐瞒和欺骗。否则，会弄巧成拙。

## 恋爱双方要给彼此自由的空间

世界上最远的距离不是"我在你身边，你却不知道我爱你"；而是两个明明相爱的人，却不能在一起长相厮守。究竟我们之间的距离有多远？往往是，太近的距离，少点神秘；太遥远的距离，又容易相忘。

恋爱要保持距离，只有保持距离，我们才能进退自如，不会在玫瑰园里留下太多的遗憾。

那么在情感的道路上我们应该保持怎样的距离才算完美呢？

首先，保持距离就是要保持经济上的独立。

应该知道独立的重要性。当你在经济上独立了，男人才会更加尊重你、喜欢你。

恋爱还不成熟时，男女双方不宜发生频繁的经济往来。金钱是个敏感的话题，恋爱男女一涉及现实利益马上翻脸的例子不在少数。感情归感情，金钱归金钱，还是应该泾渭分明，免得赔了夫人又折兵。

爱情要天长地久，必须要经济独立，哪怕他天天喊着要养着你到老。独

## 第15章 气场强情场顺，用气场增强你的幸福运

立的女人才会拥有一份独立、平等的爱情。但是不要为了独立而独立，因为斤斤计较是爱情的致命伤。

其次，保留一点私人空间。

恋人在交往时，无论有多么如胶似漆，要时刻记得保留自己的私人空间。这一点点距离，不但不是疏远他，反而有助于增添几分神秘感，而酝酿对方的爱慕及迷恋之情。

不要说太多关于自己的事情。如果从自己出生开始到现在的一切，你都对他说得一清二楚，那你对他就根本没有神秘感可言，因此，若提到自己的事也要坚持不说某一时期或某些话题，演出一段空白的岁月。例如，你故意不说有关姐妹的事情，当对方追问你是否有姐妹时，你可以故作惊讶地回答说："我没有说过吗？"

千万不要和他讲述你与过去男人的故事。如果你要想用讲述你和其他男人所做过的事、去过的地方来刺激他，引起他的妒忌是最愚蠢的办法，而且总会使你得不偿失，他会开始讲他以前所有的女朋友的故事。

给自己私人空间的同时，也要给他自由的空间。

每个人都是独立的个体，就算他再爱你，也需要有自己的朋友和独立的私人空间。不要以为他爱你，他的全部时间都是你的。当他生活中遇到难题时，当他也想一个人独处时，不要以为他不爱你了。只是因为很多事情，他不想让你担心。他只是需要安静一下而已。所以，当他说累的时候，就给他自由，让他完全放松。他会更加爱你。

再次，保持距离就是要保持空间上的距离。

男女约会后，通常男方会送女方回家。这时候女方可以特别指定只让男方送自己到车站或巷口，且绝对不跟其说明理由。这种做法也能造成神秘感。在经过一段时间后，女方可以找一个借口向男方做解释，说在家附近怕被人说闲话。

人生是一棵树，该开花的时候开花，该结果的时候结果。如果你希望谈

一场细水长流的恋情，最好避免朝夕相处，多给对方一些空间与尊重，反而能赢得甜蜜的爱情。

过早同居通常会降低结婚的机会。同居的恋人们享受随时可得的性爱和许多类似家庭生活的乐趣，但作出承诺的动力却被降低了——既然不结婚同样可以享受婚姻的乐趣而无须承担婚姻的负担和约束——为什么要结婚呢！

即使是有了肌肤之亲，女性千万别摆出一副非你莫嫁的样子，性是双方共同的感受，是感情的升华，而不是负担或者借以挟持的条件。

此外，女性即使在恋爱中也要保持自我的独立性，这就需要她们除了有对男友的感情，还要有自己的生活、自己的爱好和追求。三毛曾经说，"我的心有很多房间，荷西也只是进来坐一坐。"要有自己的社交圈子。

一谈恋爱就原地蒸发，和所有的朋友都断了往来，这只会让你的生活越来越狭窄。当你拥有自己的兴趣和爱好时，可以用来充实自己的生活，打发他不在你身边的时光，而不是被男友"吞噬"。

爱情的生命力是有限的，要让爱情寿命长一点，请保持一个适当的距离。

## 幸福爱情必备的心理素质

健全的爱情心理素质是甜蜜爱情的坚固后盾。爱情的成功与失败，除了许多外在的原因，爱情心理是否健全也是十分重要的因素。

那么，健全的爱情心理有哪些特征呢？

1.关心

弗洛姆曾经说过："爱是对所爱对象的生命和成长的积极关心。哪里缺少这种关心，哪里就没有爱。"

关心在爱情中的重要作用，恐怕人人皆知。首先，关心是对所爱对象的密切关注，时刻在意所爱之人的种种感受和需要，并随时准备予以安抚和满足，这也是爱的奉献。其次，关心可以体现在一点一滴的生活小事上，比如给恋人整整衣服、理理头发、擦擦眼泪等。再次，关心也可以体现在人生大事上，比如关心恋人的前途与命运。无微不至的关心是爱情的基础，也是爱情的添加剂。

但是，关心不是自作多情，不可以不顾对方的感受而强加于人。如果关心过了头或者关心错了地方，反而会令恋人厌烦。真正的关心应该是满足对方所需的关心。

### 2.专一

爱情，是最忌讳三心二意的。或许对你的恋人，你可以不够理解、不够奉献、不够关心或者不会欣赏，但千万不可脚踏几只船。幸福的爱情必须有专一的投入。保加利亚伦理学家瓦西列夫在其《情爱论》中说过："爱情对象的选择是对熟悉的众多异性中某一个人的具体偏爱，是对这个人的价值理想化。没有一个人会同时深深地、忘我地、热烈地爱着两或三个人。那必然会导致心理动荡，使人面临困难的抉择，分散感情的洪流。爱情首先要求一个人将注意力集中在一个对象上，要求感觉的和谐完整。"

一个人一生可能不只爱一个人，但不应该发生在人生的同一时刻。正如学习需要专注一样，爱情也需要专一，只有这样才能获得充分的感受。

### 3.奉献

从某种意义上说，爱应该是一种主动的、无私的、不计回报的、勇敢的奉献。只有懂得奉献的人，才会获得真正的爱情。爱应该主动给予，不应消极等待。

但是现实生活中，人们更多地关注如何被爱，如何被给予，喜欢以矜持、躲避和傲慢来回应别人的主动奉献，以为这样才有身份，才有意义。特别是拥有大量财富和权力的男男女女们。懂得爱情真谛的人毫不做作，他们真诚、主动地向爱慕的人示爱，又为了爱的人可以奉献一切。而无私的奉献换来的，自然会是一份真挚的感情。

**4.信任**

爱,就要相互信任,不要胡乱猜疑。不要苦苦询问对方为何不接你的电话,不要非得搞清楚对方为什么约会迟到了几分钟,也不必质问爱人为什么偶尔不回家。这样只会让对方产生腻烦心理,不利于双方感情的稳固。如果愿意告诉、有必要告诉你的,对方必然会让你知道。亲自或雇佣他人跟踪对方更是不可取的,爱得再深也需要一定的自由空间。试想想,即使对方真的对你不忠诚了,苦苦追问与盘查就能挽回你的爱情吗?那样只会让对方逃得更快、更远。

信任就是尊重,只有你信任对方,对方才会信任你;信任对方就是信任自己,不信任对方的往往也是不自信的人。无根据的胡乱猜疑,不会换来美满的爱情。

**5.尊重**

弗洛姆说过:"尊重意指一个人让另一个人成长和发展顺其自身规律和意愿。尊重蕴含没有剥削。让被爱的人为他自己的目的去成长和发展,而不是为了服务于我。如果我爱一个人,我感到与她或他很融洽,但这是与作为她或他自己的她与他,而不是我需要使用的工具。"

真正的爱情是两相情愿、相互尊重的。没有尊重的爱情,就是残酷的占有,会让一方产生心理压抑,会剥夺他或她的幸福和应有的感情。尊重对方就要尊重对方的爱好、职业、选择和个性,不要粗暴干涉和强迫对方。

**6.自信**

心理学大师马斯洛认为,心理健康的人能够接受自己、热爱自己。"他们能够不带忧虑地接受自己的任性,包括其中之种种缺点及与理想形象之间的种种差异等。但是如果称他们自满自得,显然是不恰当的。我们要指出的是,他们对待人的脆弱、罪恶、虚弱、邪恶等,恰如对大自然的种种特点一样,以同样不加怀疑的态度表示接受认可。"只有自信,才会有一定的心理承受能力,才会有魅力,才敢于主动地去爱别人,才敢于接受别人的爱。自卑会令人封闭，令人躲避，躲避自己的爱，更躲避他人的爱。

### 7.理解

"理解万岁"，爱情离不开相互理解。只有理解，才会有爱情；只有不断加深相互理解，爱情才能不断地升华。心理学上有一种"移情心理"的说法，就是指专注于他人的情调，经历他人所有的种种感情。以自我为中心，总是从自己的利益或观念出发来考量别人，永远不会理解别人。理解，就要设身处地。相近的文化背景和相似的经历更容易产生共鸣与理解，但根本上，理解依靠双方的关心和交流。

### 8.欣赏

"情人眼里出西施。"处于热恋中的男女们，总是觉得对方是这个世界上最好的。先不要管是不是错觉，其中的欣赏情怀是值得提倡的，更是爱情所不可缺少的。这种欣赏，使你感到愉快、奇妙甚至疯狂，或许你的"西施"对别人来说普普通通。爱情的欣赏不仅包括对所爱对象的鉴赏，还要包括对其周围一切有关事物的喜好，所谓"爱屋及乌"就是这个道理。懂得欣赏，更懂得赞美，你的爱情怎么会不甜蜜呢？

### 9.独立

爱情中的独立不是对恋人的疏远，更不是与他人隔绝。独立就是自信，独立的人一旦遇到理想的爱情对象，会毫不犹豫地表达爱意。独立就是坚强，独立的人不求缠缠绵绵、朝朝暮暮，而是为了爱情去奋力拼搏，给所爱的人一个幸福的家。独立，是一种成熟的心理品质。独立的人，能够承受爱情的打击，能够很快从感情挫折中站立起来，重新来过。

### 10.宽容

德国哲学家布鲁诺·鲍赫说过："彼此在爱中的互相参与，是将自己的一切毫无保留地给予对方，并取得对方的一切。"每个人都有优点与缺憾，爱一个人要欣赏对方的长处，更要接纳对方的短处，爱需要宽容。宽容就是理解、同情与原谅；宽容就是最大限度地接受对方。太过苛刻的人不能包容

别人的缺点,将意中人的标准理想化,因而永远找不到爱情。

宽容就要原谅对方的错误。真正的爱情永远值得珍惜,一方犯了错,如果真心悔过的话,为何不给双方一个重新来过的机会呢?

## 做丈夫心中的好妻子

萧伯纳说过:"选择一位妻子,正如制订作战的计划一样,只要错误一次,就永远糟了。"人们也常说一句话:"每一个成功的男人身后,总有一个伟大的女性。"而又有多少本来很有前途的青年,因为一段并不美好的爱情或者婚姻,最后走向平庸,甚至发生悲剧。可见,选择妻子对于男人来说的确是一生中非常重要的事。

新时代好女人都有哪些特质呢?男人们可以用下面几个标准来评价。

1.独立

独立是新时代女性的特点。新时代女性有着完整独立的人格,在经济上,不依靠任何人,因为她懂得坚实的经济基础是维护自我尊严的必需。通过经济的独立,她享受着成就的满足感;在精神境界,她不是某个男人的附属品,而更加具有自我意识,她们追求自我的价值、自我的目标。虽然拥有一个幸福的家庭还是不少女性的追求,但是有些成熟的女性已经不再会为不爱自己的男人流泪,也不会因为男人的承诺而用一生去等候。新时代的独立女性只相信自己。

2.宽容

新时代的女性更具有包容心,她们懂得尊重别人的选择,也认同别人的生活方式,她们允许不同生活理念的存在。她们的心胸比以前更加开阔,她们懂得大千世界无奇不有,奇闻怪事出现又有什么关系?世间万象,本来也没有对与错的绝对概念。每个人都有自己往高处走的方法,也许殊途同归,但最终还会站到同一个制高点上。

**3.自信**

自信是女人的魅力，自信的女人一定美丽。自信的女人相信超越男人的方法，不是把他们压迫在自己的霸权之下，而是活得跟他们一样地舒展；自信的女人不会整天向男人发出战书，或者摆出一副"皇帝轮流做，今年到我家"的进攻态度；自信的女人不会整天张狂霸气，她们自信但不自大，她们永远相信自己，对自己充满信心。

**4.美丽**

女人天生爱美丽，这一点是不变的，也不应该变。美丽的女人不一定天生丽质，但肯定知道如何装扮自己。新时代的女性懂得让每一天的心情跟着衣妆一起亮丽起来，她们美丽着，不为取悦男人，不是虚荣的表现，而是热爱生活与维护自尊的表达，是对生活表现出的极高自信。

**5.果断**

新时代的女性总是充满创新精神，她们对工作非常积极认真，行事干练果断，决不拖泥带水。从自我出发，不讲究与周围的协调。若发生纠纷，只对事不对人。没有自满，不因循守旧，重视创造性。

**6.旺盛的精力**

旺盛的精力一直是男人的优势，现代化的劳动强度其实并不亚于前工业时代的劳动强度，脑力的角逐背后有着体力这头看不见的小狐狸。优秀的现代女性，其生活方式中一定包括了强健身体，健身像维生素一样重要。聪明的女人会懂得放弃，放弃那些需要付出体力和精力又没有多大意义和价值的事务。

**7.时时充电**

身处日新月异的科技世界，不进则退。新时代的好女人明白这点，所以她们不断充实自我，提升自我的知识和技能。她也许没有天生的优势，但绝对相信后天的创造。她们比男人更加努力进取，不是对自己没信心，而是比

男人更有雄心。所以，男人开始有紧迫感。

除此之外，勤俭、心灵手巧、能说会道、温顺斯文、富有修养等特点也是评价一个好女人的重要方面。

## 做妻子心中的好丈夫

你知道妻子最想要一个什么样的丈夫吗？怎样才能让妻子更欣赏你呢？了解妻子眼中的好男人，是有效改善夫妻关系的第一步。

**1.男人要能拿主意**

女人很懒，所以有些时候不愿在事情的决定上费脑子——反正不关乎自己的美貌，何必费神影响心情呢？因此有主见的男人也就成了妻子的依靠，而且女人再强也希望被男人所呵护、所疼爱。所以作为一个男人，就需要对生活、对未来有自己的主见，有自己的人生目标，并逐渐地使自己强大起来，从而成为妻子的依靠。男人就要有男人的个性，男人有主见，就会安排好一切，让妻子不烦心。

**2.男人要尊重妻子**

因为各种原因，男女真正的平等是做不到的。所以男女平等，更在于男女之间如何相处，一个懂得尊重女性的男人是值得妻子信赖的。你因为阳刚之气十足，当然可以有点大男子主义，但却不可以独断独行，要设身处地地为妻子着想，不让妻子受委屈，把妻子放在与你平等的位置看待，这样的男人会招妻子喜欢。

**3.男人要有阳刚之气**

有人说奶油小生是女人的偶像，但没有人说他们是女人的结婚所爱。女人们都比较喜欢具有男性气质、阳刚气十足的男人。如果身边的男人比她还具有"女人味"，娘娘腔十足，做事扭扭怩怩，举止女里女气，这会让妻子们觉得多么痛苦。这样的男人，女人不仅是瞧不起，简直就是想躲得远远的，一辈子都不要见到他！

**4.男人要有温柔情怀**

温柔的男人也是女人眼里的理想对象，但这个温柔与"娘娘腔"可大不一样。尽管温柔是女人特有的本质，因为女人向来都是以弱者的姿态出现的。但温柔的男人应该是那种能够给予妻子极大安全感的男人，他们似乎不会侵犯女人。也就是说，温柔型的男人是女性心目中最具安全感的典型男人。和这种男人相处时，妻子不必保持高度的防御心，所以他们深受妻子的喜爱。

**5.男人要重感情**

对妻子来说，感情比任何东西都重要，所以找一个重感情的男人是最重要的，当然重感情可不是多情。现代社会的发展，女人们都有自己的工作，能够自立自强，不需要再靠男人来养活，所以经济条件、家庭背景等，都已经不再是最重要的择偶条件了。而且社会开放，人的思想也跟随着开放，外面的诱惑越来越多，如果没有真感情，就难免会动摇。所以对妻子来说，一个重感情的男人无疑是理想的对象，也是对幸福家庭的保障。

**6.男人要有自己的独特之"美"**

妻子还喜欢在男人眼中俗不可耐的男人，例如，在男人的眼里，某个男人可能装模作样、俗不可耐，但是，他却意外地让妻子很容易产生幸福感。

（1）他能与妻子制造"亲密感"，不论在任何场合见面，嘴上还经常挂着使人不觉拘束的微笑，话也是圆滑流畅的。他能直觉地看出妻子的兴趣，巧妙而恰当地恭维妻子，使对方心情愉快。这样的男人，妻子怎么会不喜欢呢？

（2）这类男人对女性具有亲和力，他们往往能够体贴入微、细心周到，他绝不会指责妻子的不对，也绝不会说出有损夫妻感情的话。

## 爱是深深的理解和接受

婚姻学家认为：包容与感恩是夫妻间和睦相处的前提，更是幸福婚姻的基础。俗话说："金无足赤，人无完人。"没有不犯错误的人，夫妻生活在一起，如果你的左口袋里装的是包容，右口袋里装的是原谅，那么今天会在你的左口袋里收获幸福，明天会在你的右口袋里收获快乐，时间久了，身边充满着幸福与快乐。如果在你的左口袋里装的是埋怨，右口袋里装的是嫉恨，那么今天会在你的左口袋里出来痛苦，明天在你的右口袋里出来烦恼，时间久了，身边都是痛苦和烦恼了。妻子能包容丈夫的缺点，丈夫能原谅妻子的问题，这就是一种爱。

在现实生活中，经常能够看到一些夫妻为一点点的小事而吵架，有的因为爱人回家抽烟吵架；有的因为爱人挖鼻孔吵架；有的因为爱人没有做好饭吵架；有的因为爱人没有收拾屋子吵架；有的因为与爱人教育孩子有分歧吵架；有的因为爱人上床没有洗脚吵架；有的因为忘记了爱人的生日吵架；有的因为爱人没有及时看望老人吵架；有的因为爱人没有接自己下班吵架；有的因为爱人丢了东西吵架；有的因为电视遥控器吵架。在生活中，还能看到一些夫妻因为一点小事大打出手，闹得天翻地覆，使家庭陷入痛苦的深渊，甚至仅仅因为一个小误会而走上离婚之路。

仔细分析这些吵架的原因，其实都不是原则上的大事，就是一些鸡毛蒜皮的小事，使得夫妻之间吵来吵去，究其原因就是夫妻之间缺乏包容与感恩。

有人经常感叹自己的婚姻没有幸福，抱怨自己的爱人一无是处，其实这都是没有包容之心造成的消极心态。如果这种心态发展下去，恐怕永远也得不到婚姻的幸福。要寻找婚姻的幸福，怨恨、牢骚、指责都没有用处，一定要学会包容与原谅。有了包容与原谅，美好的事物就会多起来，幸福也会围

## 第15章 气场强情场顺，用气场增强你的幸福运

绕在你身边。

有这样一对夫妻，男的鼻子上贴着创可贴，女的头上缠着绷带，两个人谁也不理谁。原来前天晚上夫妻两人正在家看电视，丈夫一会儿用手挖鼻孔，一会儿用手抠脚趾。妻子在一边实在看不过去，就站起来厉声地说："多恶心呀！你妈怎么教育你的？"丈夫一听急了，站起来大声地说："你妈怎么教育你的？你怎么这么跟老公说话？"妻子看老公敢顶嘴，气的恼羞成怒，举起手中的遥控器就砸了过去，正好砸在丈夫的鼻梁骨上，当即鼻子出血。丈夫一看鼻子出血了，随手捡起遥控器就砸了过去，由于用力过大，正好砸在妻子的太阳穴上。"扑通"一声，妻子倒在地板上。丈夫慌了，急忙叫了救护车，这场"战争"才算结束。

妻子指着丈夫，哭着说："这日子没法过了。坏毛病一大堆，睡觉起来不叠被子，不爱按时起床，没有时间观念，不懂女人心，也没有经济头脑，不爱说话，总之，怎么看怎么别扭，真是不可救药了。怎么办呢？这日子没法过了。"

丈夫也有委屈，满腹牢骚，说妻子太苛刻、太挑剔、太较真、太霸道了，一点也不温柔。现在幸福感一点都没有了，很苦恼。

夫妻双方究竟是怎么了？为什么没有幸福感呢？是什么问题呢？

夫妻双方都有问题。妻子的问题有三个：一是没有包容之心，眼睛里看的全是缺点，不能容忍丈夫的缺点和陋习，产生了厌烦感；二是没有原谅之心，心胸不宽广，越来越爱把不满的情绪发泄出来；三是说话刻薄，不尊重爱人，不尊重长辈。丈夫的问题是：没有良好的卫生习惯，妻子发火，自己不冷静，心胸狭窄，以怒对怒，以暴制暴，不懂得宽容妻子。

试想一下，如果丈夫看到妻子发火，就承认自己不对，妻子也就消气了。妻子看到丈夫挖鼻孔、抠脚趾很生气时，当即躲进书房、卫生间，丈夫也会领会妻子的暗示，得以改正。如果当时妻子的口气轻柔一些，诚恳地说："为了你的健康，不要挖鼻孔，不要抠脚趾好吗？"丈夫会觉得妻子有

宽容之心，会更爱她。

　　一位好心的邻居过来劝架，认真地对他妻子说："难道你老公没有优点吗？"妻子说："没有，他一点优点都没有。"邻居说："你认真思考一下，如果他没有优点，你为什么要嫁给他呢？"邻居这一问，她冷静了一下说："多少还有点优点，只是我想不起来了。"邻居让她用笔认认真真地写下丈夫的优点。让她吃惊的是丈夫的优点还真不少：热爱本职工作，孝敬父母，不抽烟，不喝酒，有家庭责任感，比较勤快，在外面尊老爱幼，在单位勤勤恳恳、任劳任怨。妻子看着纸上的优点，不好意思地说："他怎么有这么多优点啊？"心理学上就把这个现象叫做漠视倾向心理。夫妻生活在一起习惯了，优点看不到，看到的都是缺点和错误，如此下去，夫妻之间就容易产生隔阂，发生矛盾，甚至彼此反感。

　　夫妻之间平时要经常记着彼此的优点，这样夫妻之间遇事就不容易产生强烈的摩擦，也不会因为一点小事打架了。经过一番劝解，夫妻两人互相道了歉，丈夫表示以后一定要改掉不良习惯，遇事多忍让妻子，妻子也表示，以后一定要多多关心丈夫。

　　如果你是一个有心的人，就要学会睁一只眼，闭一只眼。为了婚姻幸福，家庭团结，睁一只眼看爱人及全家人的优点，脑子里浮现的就都是爱人的优点，也就有幸福感了；闭一只眼不看爱人的缺点，直到在你的眼里看不见爱人的缺点为止，你就不会对爱人失望了。

　　夫妻一起生活多年，难免为鸡毛蒜皮的小事生气，如何避免加剧矛盾，互相包容呢？要做到包容与感恩，记住一个字"心"就可以了。因为心里面它会容纳很多的事情。你的心态如果良好，你就是阳光的，那么你爱人在你的心里面就是阳光的，就是高大的。你的心里如果没有阳光，你就会觉得爱人哪儿都不好。

## 夫妻间要常怀包容之心

夫妻之间生活在一起，为了幸福与快乐，拥有包容之心很重要。要有包容之心，就要学会用放大镜看优点，把优点牢记在心。在夫妻关系上，千万不要小看放大镜的作用。聪明的人会把放大镜的倍数调高，倍数越高，看到的优点越多、越大，甜蜜感越强烈，就会从内心对配偶产生敬意、尊重。有包容心体现在两方面：一要承认性格上的差异；二要原谅爱人犯的错误。

**1.承认性格上的差异**

在现实生活中，性格不同的人比比皆是，夫妻也不例外。很多性格不同的夫妻，日子过得甜甜蜜蜜，这是什么原因呢？很简单，就是夫妻之间能互相包容，能互相原谅。幸福的夫妻，在经过数年的磨合后，逐渐懂得一个道理：在夫妻关系中，试图扭转对方的性格是非常困难的，也是徒劳的，最终会使自己筋疲力尽，痛苦难耐。

有两个好姐妹，性格都比较内向，两位的老公却都是急性子。两个女人一起聊天，大姐说："你这个大姐夫，太没男人样子了，整天唠叨，一会儿嫌我出门慢，一会儿嫌我上卫生间慢，一会儿嫌我化妆慢，一会儿嫌我做饭慢，总是说我慢。今天，他急匆匆地从楼上下来后，才发现车钥匙没带，又返回来，我正好下电梯，说：'这不是钥匙吗？'结果他还埋怨我说：'都是因为你慢，我一急就忘了。'"妹妹则慢慢地说："我老公真好，总知道让着我，我有时候梳头慢，他就静静地看着我说，慢点好，慢点我多看会儿美女。我做饭慢，他就说，做饭慢好，省得这个粥里面有沙子，省得做不熟。我出门慢，他说，出门慢好，出门慢安全，不是常说，宁停三分，不抢一秒，再快能快到哪里去呢？"

你看，情况相同的两对夫妻，一对是性格互不相融，另一对是性格互补。由于他们有不同的包容心，他们过着不同的生活。

因此，有包容之心，你就要承认性格差异，因为夫妻性格完全相同的几乎不存在，急性子与慢性子各有各的好处，你认识到了性格的不同，心里就有准备去接纳对方，容忍对方，容易用自己的优点去影响对方，感化对方，这样才能达到双方性格的统一和感情的和谐。

**2.原谅爱人犯的错误**

允许对方犯错误，这是婚姻美满的关键。夫妻双方哪有不犯错误的呢？夫妻之间无论谁犯了错误都不可怕，怕的是改正错误的大门被你无情地关上，婚姻幸福的大门也就无法开启了。爱人犯了错误，可以提出来，但一定要考虑爱人的心理承受能力。采取生硬、简单的办法，只会把问题激化。

一次朋友聚会，王军和朋友一起打车去的，下车后发现两人的手机都丢在车上了。这个手机已经是第三个了，是妻子前几天刚买的，王军心里觉得很不是滋味，暗怪自己太不小心了，硬着头皮走进那家餐厅。妻子她们是提前到的，进去以后，妻子就说："你怎么不接电话呢？就等你们两个人了。"王军无奈，承认说手机丢了。当时还以为妻子会当着众人的面生气，可她却说："手机丢就丢了，人不丢就行。"妻子这么一说，大家都说，"你老婆真是心胸宽广，能原谅你的错误。"看着妻子没有生气，王军长出了一口气。

朋友的妻子却站起来大声地说："你这人怎么总丢三落四的？跟个孩子似的，家早晚得让你丢光了，气死我了。"她这么一嚷嚷，这位朋友面子挂不住了，站起来就走了。

前一段时间，王军还犯了一个挺大的错误。他整理家里的古董柜子，蹬着凳子刚一打开柜子，有一个特别好的玉器，就摔了下来。当时特心痛，同时也怕妻子生气。

结果妻子听到响声，立刻跑进来，一看玉器碎了，特别平静地说："人没摔吧？人没摔就好，东西碎了没事，岁岁平安。"此后，王军对妻子多了一份感激，感激她原谅自己的过错。

因此，为了使婚姻幸福，夫妻之间生活在一起，一定要尽可能地原谅对方犯的错误。

**3.容忍生活习惯不一样**

夫妻之间有包容心就要承认差异性。人与人的生活习惯不一样，南方和北方不一样，城市与农村也不一样。既然不一样，就会有差异，如何对待差异就是一个艺术问题了。

李俊以前有一个邻居，丈夫是南方人，妻子是北方人，天天能听到他们家因为吃饭吵架。"怎么又吃馒头"之类的话每天重复多次，好像不吵就没法吃饭似的。后来他们家搬走了，又搬来一个邻居，丈夫是南方人，妻子是北方人，从来没听到他们夫妻吵架。

有一天李俊就问那个丈夫，你们两口子，地域有这么大的差距，怎么不见你们因生活习惯等问题闹矛盾呀？他说："男人心胸不宽广一点还行啊？她不给我做米饭，我吃馒头也挺好。我们小时候，抱着两个窝头，就着咸菜，吃饱了就不错了。现在能吃上馒头了，还挑什么呀！"

这些话很朴素，但让人听起来觉得很受启发。有时候幸福的婚姻，不是别人教给你的，也不是你去抢来的，就是通过在生活中的互相理解、互相包容、互相支持换来的，夫妻之间只要互相理解、互相包容、互相支持，那就把幸福包容到心里面了。

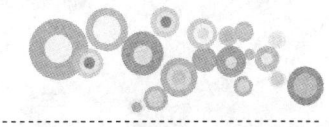

# 第16章
## 拼职场靠气场,发挥气场能量,职场越拼越辉煌

气场,从心理学角度而言,又称为心理能量场,指的是一个人心理动力的强弱。气场强的人,给人一种气势旺盛、能力强劲的感觉;而气场较弱者,往往让人觉得此人较为弱势,甚至是能力不足。作为职场中人,修炼气场可以让自己看起来能力超强,做起事来如鱼得水。

## 为企业打工,为自己工作

现代职场中最受欢迎的往往是那些工作认真、踏实肯干的人。可以说,那些踏实工作的人才是职场上真正聪明的人,因为他们知道,他们和企业其实是一荣俱荣、一损俱损的共同体。企业盈利好,他们才能拿到高薪;相反,企业不盈利,他们就无法得到高薪,甚至可能连最基本的工资都拿不到。更甚者,很可能因为平时工作表现差而率先成为被裁员的对象。而一旦被裁员,不要说高薪,就连能维持温饱的待遇对他们来说都是一种雪中送炭。

因此,职场上的聪明者努力工作不仅是为了企业,还是为了自己。而由于他们是借用企业的平台来实现自己的职场目标,所以,他们为自己而努力的前提就是他们要保证自己借用的企业平台能够良好地运转下去,因为一旦企业运转不良,他们就无法发挥自己的能力去实现自己的目标。这是一种良性循环,一个为自己的职业目标而努力工作的人,势必给企业带来良好的效益,而企业的效益越好,企业的平台越大,个人实现价值的舞台也就越大。

乔治到一家钢铁公司工作还不到1个月,他工作很努力,每天都在学习一些新的知识来补充自己的不足,不久,他就发现公司冶炼车间的矿石并没有经过完全充分的冶炼就被废弃了。他想,如果这个问题长久得不到解决,公司势必要受到很大的损失。于是,乔治找到了负责的工程师并和他说明了他发现的问题。但这位工程师却说:"小伙子,首先这不是你该关心的问题,再说我的技术在业界可是一流的,这样的问题应该不会出现的。"这位工程师甚至认为,乔治这样做只是为了出风头、表现自己罢了。

但是,乔治并没有放弃自己的想法,他在不断反映问题的时候还在不断地寻找解决问题的方法,虽然这个问题和他的专业没多大的关系。他在学习中找到了问题的答案,并整理出更为合理的资料,交给了总工程师。总工程师看后说:"年轻人,你反映的问题真是个问题,你说得很对。我们公司有一流的技术,出现这样的问题,我也觉得很遗憾,我马上召开会议讨论这个问题。"公司很快解决了这个问题。

后来,公司总经理知道了这件事,不但奖励了乔治,还提升他为负责技术监督的工程师。这对乔治来说,可以算得上是职位上的一次飞跃。本来他离工程师的位置还有很远,但总经理说:"有你的工作态度和努力,我相信没有人能比你更胜任这项工作。"

在以上事例中,乔治的行为是在为公司少受损失而努力,实际上他也是这么做的。结果证明,他所做的一切都得到了认可,并得到了实现自己价值的砝码。恰恰是因为他让公司获得了利益,所以他也跟着获得了利益。

不难发现,即使你的工作环境非常艰苦,如果你能全身心地投入工作,那么最终你获得的将不仅是经济上的宽裕,还会有职业生涯中更大的发展空间。

很多人之所以能够成为富翁,不是因为他们刚工作时就能拿到高薪,恰恰相反,很多富翁在刚开始工作的时候,往往拿着比其他人更低的工资。他们之所以能成为富翁,是因为他们有着明确的利益观和价值观,他们明白自己虽然是在为企业打工,但同时也是在为自己工作。他们因为有着明确的职业目标而在任何环境下都不放弃努力。对他们来说,能力、经验和机会比金钱要重要得多。也正因为如此,当他们获得最终的成就时,谁能说他们当初的努力"不值钱"呢?虽然他们当时可能拿不到高薪,但那能够让他们成为富翁的无形价值,又怎么能够用金钱衡量?

一个企业管理者曾说:"只有在工作中尽心尽力,才有可能前途畅达。你如果能在工作中找到乐趣,就能在工作中忘记辛劳,得到欢愉,就能找到通向成功之路的秘诀。"一旦你领悟了全力以赴地工作能消除工作的辛劳这一秘诀,你就掌握了获得成功的原理。即使你的职业是平庸的,如果你时时

## 第16章 拚职场靠气场,发挥气场能量,职场越拚越辉煌

抱着勤奋努力的态度去工作,也能获得个人的极大成功。如果你想做一个成功的、值得上司信任的员工,你就必须努力追求精确和完美。只有那些尽职尽责工作的人,才能被赋予更多的使命,才能更容易地走向成功。

假如你在工作中遇到了困难,或者觉得公司支付的工资实在太低,你就要不断地这样对自己说:"我要为自己的今天和明天奋斗。"把你的精力放在学习新的知识、培养新的能力、展现才华上面,这一切才是真正有价值的东西。在你未来的人生路上,这一切比你的资金积累要重要得多。要知道,工作带给你的无形资产是谁也无法把它们从你手中夺走的,这就是经验、信心、决心和技能,它们会给你最终的回报。

A对B说:"我要离开这个公司。我恨这个公司!"

B建议道:"我举双手赞成你报复。破公司一定要给它点颜色看看。不过你现在离开,还不是最好的时机。"

A问:"为什么?"

B说:"如果你现在走,公司的损失并不大。你应该趁着待在公司的机会,拼命去为自己拉一些客户,成为公司独当一面的人物,然后带着这些客户突然离开公司,公司才会受到重大损失。"

A觉得B说得非常有道理,于是努力工作,半年多的努力工作后,他有了许多的忠实客户。

再见面时B问A:"现在是时机了,要跳槽赶快行动哦!"

A淡然笑道:"老总跟我长谈过,准备升我做总经理助理,我暂时没有离开的打算了。"

其实这也正是B的初衷。一个人的工作,永远只是为自己。只有付出大于收获,让老板真正看到你的能力大于职位,才会给你更多的机会替他创造更多利润。

如果你认为你的工资过低,那么大多数时候是因为你做得还不够好,还不够到位。因为凡是想把自己的公司做大的老板,都不会在员工的待遇上进

行压制与克扣——做大事者从来都不会因小钱丢大钱。因此，老板还不给你加工资，很可能是因为你做得还不够好。

综观那些高薪者与低薪者，最直接的区别就在于：高薪者无论做任何事情都不会采取轻率应付的态度，他们一定会尽自己最大的努力以求达到最佳的境界，哪怕有分毫的误差他们也绝不会轻易地放松自己；而反观那些低薪者，他们每天甚至不愿意再多投入哪怕是5分钟的时间在他们的工作上，再多做一点点努力。他们有的甚至还总是顽固地认为自己的老板对待自己实在太过苛刻了，根本就不值得自己去努力地为他工作。或许，他们的这种想法会让老板在利益上受到损害，但其实最终真正受损害的还是他们自己。因为，也许你的老板并不了解每一个员工的具体表现，或者熟知每一份工作的细节，但是有一点却是可以肯定的，那就是升迁和加薪一定是不会落在那些玩世不恭、不努力工作的人身上的。

另外，对一名职场人士来讲，你的个人成功之路无疑是建立在团队成功的基础之上的，因为没有人可以完成一个小团队可以完成的工作。企业成功也意味着员工的成功，企业和员工的关系就是"一荣俱荣，一损俱损"的关系。试想，假若没有企业的快速成长和高额利润，员工丰厚的薪酬又从哪里来呢？

所以，作为公司的一员，只有把自己融入到整个公司之中，时刻和企业目标保持一致，并帮助企业创造业绩，最终才会成为企业的中坚力量，自己也会成为令人艳羡的成功人士。

你必须清楚，工作是为企业，更是为自己。那些只想简简单单为薪水工作的人，就很容易被动地工作，刚刚上班就盼望着下班，工作时也不愿意付出自己全部的力量，最终埋没了自己的全部才能，磨掉了自己的创造力。因此，很多年轻职员尤其是刚大学毕业参加工作的大学毕业生，因受不了自认为很低的工资待遇，经常跳槽。这种蜻蜓点水式的就业态度和做法，只会使锻炼个人工作能力的机会和时间白白流失。因此，你的工作态度必须端正，

你不要再为自己应该拿多少工资而斤斤计较，也不要再抱怨拿的钱太少，因为只要你付出了，你就必定有所得。你付出越多，你得到的必然也越多，只不过你收获的时间、地点和时机尚不能具体确定而已。

现代职场对员工提出了更为严格的要求，仅仅是一丝不苟、忠于职守地完成工作似乎早已完全不够了，你需要做的是更努力，至少比你的老板所期待的做得更多一点儿。只有这样，你才能更好地完成你的工作，同时也给自己的升迁和加薪创造更多有利的条件。

## 让自己变得不可或缺

职场上，充分利用自己的优势和资源，抓住机会，让自己成为公司的核心人物，你才能不断获得加薪升职的机会，才能在工作中处于不败之地。

李伟已经在北京某公司工作了近十个年头了，但是他的薪水却从来也没有增长过，而且似乎从来也没有一点要增长的迹象。终于有一天，他实在忍不住心中的郁闷，当面向老板诉苦。但老板却很坦然地说："你虽然在公司待了10年，但是你的工作经验和工作技能却是不到1年，现在也只是勉强达到新手的水平。"

生活中，像李伟这样的人可谓大有人在。他们经常觉得自己为公司做了不少事情，但却总像是一缕青烟一样地飘过，没有任何效果，丝毫也不能引起老板的重视。还有，很多人默默无闻地为公司做了许多事，而且干得都不错，但是，每当公司精简人员时，这些人却被排在首位，为什么会这样呢？我们在抱怨遭受不公平对待时，应该看到事情的症结在何处，如何解决这样的问题。

其实，很多人虽然为公司做了很多事，但却总是成为被裁的首要对象，其中一个很重要的原因就是虽然你在工作中做了不少事，但是在老板眼里，你的工作谁都可以胜任，因为你不能独立挑起工作的重担，这样的人，自然就变得可有可无。相反，如果你能够让自己在某个职位上变得不可或缺，即使你的职位很低，你也会成为公司不可或缺的人才。

芮恩是伦敦一家五星级大酒店的小厨师，他外表憨厚，木讷，寡言。他的老板甚至一度想辞退他，因为芮恩身上实在没有什么特别的长处，他做不出什么上得了大场面的佳肴，只是在后厨里面打打下手。但芮恩却会做一道非常特别的甜点：把两个苹果的果肉都放进一个苹果里，果核也被他巧妙地剔除，可是从外表看来一点也看不出这是由两个苹果拼起来的。而且这道甜点吃起来特别香甜。芮恩非常喜欢做这道甜点，只要一有空闲他就研究这道甜点的制作和改良方法。有一次，一位长期包住酒店的贵夫人偶然发现了这道甜点，她品尝后非常欣赏，并特意约见了做这道甜点的芮恩。后来这位贵夫人时常邀请她的朋友来这家酒店，目的就是品尝这道甜点。因此，芮恩不但没有被老板解雇，甚至薪水还有了很大的提高。

如何让自己成为那个不可或缺的人呢？要想不被人替代，你就得有一手绝活，你一定要发现自己在哪个方面最闪光。就如上面故事中的芮恩，他不会做上得了大场面的佳肴，但他凭借做苹果甜点这一项特殊的技能不仅获得了顾客的认可，而且自己的待遇也有了显著的提升。可见，如何让自己变得更加重要，是能否在公司得到发展的关键。因为一旦你是一个不能独立工作的人，就会成为公司里可有可无的人物，而这样的人最容易被淘汰。因此，要想不可替代，必须能独立完成自己所从事的工作。

宋鹏是机械专业毕业的，主要研究方向是机械设计。他工作不久后，建筑公司接到一个利润可观的活儿，可是时间很紧张，人手比较紧缺。这时，工作时间不长的宋鹏接到其中一个项目的图纸设计任务，但是，他是助手，主要负责人是一个在公司工作多年的工程师。可是，事情突然有了变化，他们工作2天后，负责人患上了急性阑尾炎，住院了，这对于公司真是雪上加霜，因为这时候没有更为合适的人选来承接工作。其实，这时的宋鹏对这个

## 第16章 拚职场靠气场，发挥气场能量，职场越拚越辉煌

项目心里已经有数了，他非常有信心做好这个项目。于是，他自告奋勇地向老板保证能够独立完成这项工作。尽管老板对这个刚从学校毕业的年轻人印象不错，因为公司在招聘时从学校了解到宋鹏的一些情况，认为是一个可以培养的人才，还因此让此次项目的负责人对宋鹏进行培养和考察，但是，他毕竟是新手，老板对他能否独立完成好这项工作还存在疑问。可问题恰恰出现了，于是，也只能把任务委派给他。

宋鹏得到委派后，全力以赴完成这项工作，1个星期里，他几乎是废寝忘食。功夫不负有心人，他如期完成了工作，图纸也得到了客户的认可。因为这件事，宋鹏在老板心目中的分量加重了——宋鹏不仅具备能力，而且能在危急之时独立承接工作，正是公司需要的人才。又经过几次考察之后，老板毫不犹豫地让宋鹏担任了设计部门其中一个工作组的组长。事实证明，老板的决策是正确的。宋鹏的表现果然不负众望，他的职位一升再升，成为公司一个不可替代的优秀员工。

宋鹏说："我在一开始就不愿意被别人带着工作，能够独立承担任务对我来说更加有利，更能发挥我的才能。"

其实，每个人都一样，当你能够承担起工作责任时，就代表着你是一个不可替代的人。想要发挥自己最大的才能，独立自主起到了非常重要的作用。因为有能力也必须要有发挥的空间，如果受别人影响和牵制，抑或是依赖别人，就很容易丧失自己的特点。受别人的影响，按照别人的想法来做事，就无法发挥自己的能力。

职场上危机四伏，如果自己稍微落后，就会把很多机会留给别人，对很多人来说，获取一个职位可能轻而易举，但让自己获得更多承认的方法就是能够独立承担任务，这一条适用于很多场合，而且是员工能够得到认可的最有效的方法。

姚谦是一家网络公司的技术骨干，对软件开发业务十分精通，并且有3年同行业从业的经验，公司在电子杂志、网络电视开始盛行的情况下，决定拓

展业务范围,办一家网络电台。姚谦很早以前就对网络电视有所关注,比较关注球赛的他,很早就通过一些网络视频观看国内电视台不转播或者没有即时转播的球赛,对视频传播的技术问题十分熟悉。姚谦的关注既是互联网行业的发展趋势,跟公司的计划也不谋而合,因此,在公司筹建新部门之初,姚谦就被吸纳进新部门,做技术主管。新的拓展对公司至关重要,姚谦在公司的地位也因此直线上升,成了老板身边不可缺少的重要人物。

在工作中,只有让自己变得不可缺少,你才能真正掌握自己的职场命运,赢取高薪自然也就是水到渠成的事情了。

被很多人崇拜并学习的李开复就认为,成功就在于让别人无法离开你。在李开复看来,能够始终在一个形如精密仪器的群体中起着制动作用,是成功的最大体现。其实,当初李开复顶着各种舆论的压力从微软公司跳槽到Google公司的原因也正是如此。对他来说,对于微软这样一个庞大而成熟的企业,虽然在大的平台中自己的能力在不断增强,但个人的能量相对于日益扩展的微软公司而言越来越弱化。当自己在公司的重要性越来越弱时,你就有随时被别人替代的危险,正是基于这一考虑,李开复才会果断地选择跳槽。

李开复认为,很多人以自己能够管理多大的团队为衡量自己事业成功的标准,但是,如果领导一个拥有1 000人的成熟的团队,自己的能量可有可无,其实远不如在一个只有50人的团队中做不可或缺的一环。因此,每个人在选择工作时,不要问新单位的名气和规模如何,在新单位里能够担任什么职位,而要考虑因为有"我",新单位会有什么不同。而这,也正是你获得高薪的方式之一。

社会上出色的人很多,想要真正的不可替代是不可能的。但是,这个概念是有百分比的,因为公司更换一个员工是必须付出成本的,当你能承担起工作的重任并能出色地完成时,不可替代的百分比就会增大,出于成本考虑,公司就不会轻易换人。

第16章 拚职场靠气场，发挥气场能量，职场越拚越辉煌

## 赢得上司的信赖

任何一个人要想有所作为，在自己的工作范围内取得突出的成绩，就必须得到上司的器重，得到上司的器重的一个最基本的前提就是取得上司的信赖。

**1. 信任的要素**

我们经常看到如下情形。

某人问道："这句话讲得真不错，是谁说的？"

问话的人本来觉得那句话说得很有道理，可是却被下面一句话改变了想法："是小王说的。"

这时候，钻石也变成了石头。但如果是李处长说的，则某人一定会赞叹道："咱们处长真厉害！"

由上可见，同样一句话，但因说话人的身份不同，在听者心目中所占的分量就大不相同。

造成这种差异的原因还有一个，就是信任问题。作为处长，他长期与下属相处，有一定威信，也有一定工作业绩，他说的话容易为人信服，而小王只不过是才参加工作不久的年轻人，大家对他不了解，说话的分量也就可想而知了。

即使是一个学识渊博或精明能干的人，如果没有大家对他的信赖，要想取得成功也是很难的，也很难为上司重用。信赖可分为两种：一是对其为人处世的信赖；二是对其工作能力的信赖。前者是指人格上的信赖，有些上司最看重这点；后者是业务能力上的信赖。

在这两种信赖中，最理想的，莫过于两者都具备，即既信赖你的人品，又信赖你的能力。但在现实生活中，两者却很难一致。有些下属，人品很好，但工作能力不佳；而有些下属，工作能力很强，但人品欠佳；还有些下

属,人品、能力均很差。上司往往会信赖哪种人呢?一般来说,比较正统的自身能力也不太强的上司,对下属首先看重的是人品,至于工作能力,只要不经常出大的差错,一般的工作能够应付,他就满意了。而对开拓能力强,对下属驾驭能力也强的上司来说,他看重的往往就是能力,只要你能够做事,有较强的创造性和开拓性,能打开工作局面,他就喜欢。

**2.把话说开**

有一个二十多岁的销售员,他对与上司相处之道深有体会:"与上司相处,有些事情是需要说开的。"

原来他的上司只比他大两岁,两人的关系处得很随便,甚至经常在一起打牌,彼此交情不错,他以为上司对他很信赖。

但是,有一次发年终奖时,他却发现并没有他想象的那么多,甚至比一些比他表现差的同事还少,因而百思不得其解,心想:"都是铁哥们了,怎么这样对待我呢?"为此,有一天下班后,他到上司家里去,一本正经地向上司说起他的工作与所发奖金不相称的事。令人惊讶的事,上司对他的工作情况并不很了解,甚至他曾经向他说过的一些事,他也不记得了。

"自从那次谈话后,上司改变了对我的看法,这一次发奖金还过得去。说真的,有时候,事情还是谈开了好。"他深有感触地说。

平常如果该讲的话不讲,该争取的事情没有争取,则自己工作能力也会被低估,最后会发现自己并不如想象中那样受信赖,这种情形屡见不鲜。

所以,不要因为与上司很要好,就以为一定受信赖。这是一种很天真的想法,上面的情况就是个教训。

然而,如果上司对你说,"这一切全靠你了","委托给你了,好好干吧","对你有信心哟",你的想法如何呢?

说这种话的上司到底是何种人物,这点是很重要的。

假如上司不能信赖下属,他一般不会率直地将前面的话说出口。而假如他是一个工于心计的上司,则他不但不会说出对你的真实看法,也不会表现在态度上,反而会装出信赖你的样子,那么他就会说出前面的话。

如果你不折不扣地相信这些话,而当有一天你识破这是一些假话时,你所受到的打击将是沉重的。

为了验证上司说这种话的真假,你不妨对上司提出问题,看他采不采纳你的意见。说不定上司笑容满面的脸孔,会突然变得阴沉,或者不再说"一切全靠你了"的话,而吐露出"不能信任你所说的事情"一类的话。对此,也用不着用"原来这个人是这样"来责备上司,而应该更加努力充实自己,以逐渐增加上司对你的信任。

也有许多上司是为了鼓励下属,才经常说这种话。如果上司对下属说:"你到底会不会做?我不放心。"则有可能使软弱的下属不但失去工作干劲,甚至连不多的自信也一扫而光,稍微聪明一点的上司都不希望产生这种结果,所以才会说"我信任你"、"好好干"来激励下属。虽然没有必要产生自卑感,但也不必因上司说了"信任你"之类的话而沾沾自喜。宁可认为自己没有受到上司信赖,而更加努力,以争取真正的信赖。

**3.在工作中能说能做**

在现实生活中,我们经常可以见到这种情况,不少人在工作中兢兢业业,埋头苦干,但不善于用语言展示自己。

这样,尽管他们很本分地工作,实事求是地说,也作出了很大的成绩。但对一个管理很多下属的上司来说,他们实际作出的成绩却很容易被遗忘,更糟糕的是上司可能还会觉得"不知他们在想些什么,真是摸不透的人"。由此,不但自己吃亏,同时也让上司感到为难。

现代社会生活步调加快,每个人的工作和生活都是紧张而繁忙的,谁都没有多少空闲和余力去打听和了解别人做了些什么、正在做什么以及准备做什么。因此,如果你想让别人了解你,你就必须抓住适当的时机,将自己的想法和愿望主动地表达出来。

当然,若一个人经常夸夸其谈,说要做这做那,但一旦具体要他去做某

件事,就迟疑不前,典型的"光说不做",也是不会让上司信赖的。

要获取信赖,就必须信守诺言,大部分爱推诿的人,一般会失去上司的信赖。为了得到上司的信赖,你一定要遵守下面的原则:站在对方的立场来思考问题,确确实实信守诺言,言行一致,彼此要经常沟通,替对方着想。

**4.不要去处不明**

我们常可看到这种情况,当上司叫某个下属时,他却不知所踪。一般来说,上司召唤其下属,必定有事,并且很可能是要紧的事。

比如,某个机关正在开有上级领导参加的会,与会的某局长从会议室外打电话叫下属小李来,可偏偏小李不在。与小李同办公室的小牛问局长别人来行不行,某局长说:"不行,有一些资料必须由他来说明,他到底去哪里了?"

在这种情况下,这位局长一定坐立不安了,一则需要他说明的事有可能就无法说清楚,二则在这么多与会者,特别是上级领导面前,让人知道连自己下属的去向都掌握不了,面子上也过不去。这位局长可能从此再也不会对小李有什么好感了。

当然,这并不是要每一个下属始终坐在自己的位子上,但你起码要做到:第一,离开办公室时,要将去处向同室的人说清楚。第二,如果预先知道机关要开中干会,而且也知道会议的议题,你就应该预料是否会牵涉到自己的工作范围。如果是,那么你当天就最好不要走开。

## 与同事相处之道

**1.同事之间容易人心隔肚皮**

不知道什么缘故,人们往往对同事存有戒备心。"逢人只说三分话,不可全抛一片心"的戒条在同事关系上能得到淋漓尽致的表现。大家都戴上一副面具去对待自己的同事,大家都不用真心去对待同事,使得同事之间往往

# 第16章 拚职场靠气场，发挥气场能量，职场越拚越辉煌

套话、假话连篇，而直话、真话很少。

人们往往在同事面前摆出一副虚假的面孔，掩盖自己的各种弱点，掩盖自己真实的东西。

**2.注意保护自己**

蓝领与白领不同的地方之一，是蓝领向上的流动性不大，升迁的机会不多。因此，蓝领工人打的是正规战术，集体讨价还价。而白领阶层则大有个别拚搏的机会，获得升迁是单打独斗的结果。因而，白领之间不但没有蓝领的同志感情，往往还互相猜忌、尔虞我诈。这种环境，有如深入敌后、孤军作战的游击队。

许多力争上游的白领，很注意将对手打倒，却不善于保护自己，这是不足取的。一方面要友好竞争，另一方面要在与人的竞争中保护自己，在势孤力弱的情况下，就要夹紧尾巴，千万不要露出要向上爬的样子，否则会成为众矢之的。俗语说："不招人忌是庸才。"但在一个小圈子里，招人忌是蠢材。在积极做事的时候，最好摆出一副"只问耕耘，不问收获"的超然态度。

**3.不要替别人背黑锅**

在公司或一个行政单位里，做事好坏对错，很多时候是由上级主观决定。如果上级意志强，下级多少都要努力工作；上级若自以为是，下级便会唯唯诺诺，但有一些上级只是向他的上级交功课而已，敷衍了事，得过且过。

在这样的环境下，最重要的事情是不要出事，一切如常，就不会勾起上司的雷霆之怒。但一有差错，上司为了向他的上司交代，就会抓一个人做替罪羊，这种情况，俗话叫做"背黑锅"。

不背黑锅的方法其实很简单。最易行的方法就是不冒险，不马虎，事事有根据，白纸黑字，即使错了也有充分理由解释。

另外，一件事的对错，错的大小，应否追究，如何处罚，都是上级决定。大事化小或小题大做，都在上级的一念之间。因此，在这种情况下，人

缘好，特别是与上司的关系不错，就会较少获罪。

### 4.同事之间最好避免金钱来往

俗语说："如果你想破坏友谊，只要借钱给对方就行了。"金钱借来借去一定会发生问题。"王先生，你能不能借1000元钱给我，我现在手边正好没钱。"假如你像这样连续三次找人借钱，就算你手头真紧，别人恐怕也不敢借给你了。遇到大家一起分摊费用时也是一样，只要你连续三次说"今天我没带钱来"，人家就一定不会再相信你了。

大多数人有一个坏毛病，向人借来的钱很容易忘记还，借给别人的钱，经常记得牢牢的。因此，在此强调，有关钱的问题，必须注意五点：在社会上工作的人，必须在身边多带些钱；尽量避免借钱给别人；借出去的钱最好不要记着，借来的钱千万不要忘记；假如身边钱不够，不要参与分摊钱的事；养成计划用钱的习惯。

### 5.不要在同事面前批评上司

有人在白天被上司没道理地骂一通之后，喜欢晚上约个同事小喝一杯，然后对着同事发牢骚。认为同事既然和自己喝酒了，应该就是站在自己的这一方，借着酒气，对上司大肆批评起来。这种事情一定要避免。

不论多么值得信赖的同事，当工作与友情无法兼顾的时候，朋友也会变成敌人。在同事面前批评上司，无疑是自丢把柄给别人，有一天身受其害都不自知。

就算这位同事和自己肝胆相照，不会作出出卖自己的事情，但也得小心"隔墙有耳"。

所以，当你要向同事吐苦水时，不妨先探探对方的口气，看其是否同意自己的看法。如此用心，是在社会上立足不可缺少的条件。

### 6.如何处理上司对同事的责备

当同事在全体员工面前公开被责备时，他所受到的伤害，绝对比一对一挨骂要来得深。被骂的同事也一定是怒火中烧，痛恨上司为什么要在众人面前给自己难堪，此时他的心灵也是最脆弱的。

这个时候，我们如果冒失地给予同情或安慰的话语，结果又会如何呢？不但在众人面前挨骂，又在众人面前被安慰，那种羞辱的感觉一定更为深刻。

在这种情况下，说什么话都不恰当。也许我们认为是一片好心，但在对方看来是火上浇油。

因此，最好的办法就是保持缄默。然后在工作结束后，把同事约出去吃顿饭什么的，转换一下他的心情，这样做不但不会引起"迁怒"之憾，还可博得同事的信赖。

**7.找个后台**

在今天这个如此风云莫测的社会里，有必要在公司外或公司内找一位必要时能支持你的人做后盾。

什么样的人最适合当后台老板呢？

在公司外，如果你有一位具有广泛社会影响的后台老板，那么就不用怕别人招惹你了。希望你不要急着说没有这样的朋友，只要肯找，任何人都能找到一两位。下面说件事给你听听。

某公司有一位A职员和上司不和，上司想要把他赶到偏远的分公司去。但是，这个上司的上司却劝阻他"不要轻易对A动脑筋"。上司问："为什么呢？"上司的上司回答："A有B做后盾哪，要谨慎对待才行。"

A在学生时代是学校足球队的队员，而B在当时则是该队的队长。现在B是小有名气的电视节目主持人，经常出现在电视节目中。A在看电视时，曾对朋友说："B在学生时代就很照顾我，现在还是好朋友，我找他帮忙的话，他没有不答应的。"这话传到了A的上司的上司耳朵里。

在紧急的情况下，能有一位真正挺身相助的后台老板，当然是再好不过的事。而像B与A这种关系的人，如果有意寻找的话，总有一两个。然后一有机会就吹嘘，"我有××做后台哪！"作为牵制作用，效果比你预期的还要好。

要让资深女职员喜欢你并不难，只要遇到她们时，主动热情地和她们打招呼就行了。仅此一点，她们就会认为你"真是谦虚有礼，难得的好青年"。

更不用多说的是：你必须博得资深女职员的好感。不能和年轻美貌的女职员要好，否则，且不说会招来种种非议，如果你成了年轻女职员的崇拜偶像，还会招来上司的嫉妒，而把你当做排挤的对象。

# 第17章
## 影响力就是气场力，超强的声望凝聚超强的气场

每个人都有自己的气场，然而如何更好地引导自己的气场却是一门很深的学问。为什么领导人具有他们独到的魅力呢？这种魅力在英文里被称为charismatic（具有领导气质和魅力的）。按中国人的习惯，我们会说：领导人往那里一站，他们的一举一动都散发出十足的气场。因为领导人就要有领导人的气质。但在我们看来，这就是一种独到的气场。因为他们作为领导人就必须能压得住场面。在还没有说话和做事时，先在气势上就必须镇住场面。而这种气势就是领导人应该具备的气质，也是他们的气场。

气场=人格魅力+气质+影响力。靠近气场强大的人，这会让你忘掉你原本的个性，完全被感染。

第17章 影响力就是气场力,超强的声望凝聚超强的气场

## 树立良好的领导形象

用惩罚的方式改正下属的错误的领导,给下属留下的印象也好不到哪里去,这时只有换一种方式才有可能树立好的形象。

首先切记:如果要惩罚,一定要处罚适当,不能过重。在你要对一个员工给予处罚之前,要把你所掌握的全部证据和事实反复推敲一下。看看找那个犯错误的人进行一次正式谈话的条件是否充分,是否还需要补充什么。但是,一旦你下定了要处罚他的决心,你就得提醒你自己:处罚的唯一目的是改正错误,而不是别的。绝不能有为了处罚而处罚或者为了报复而处罚的心理。这种对待犯错误的人的态度在商业上、工业上和在司法上没什么两样。当你持有不正确的态度时,受到惩罚的人就会有一种对他不公平的感觉,这就为公司埋下了各种隐患。

这里就有一个例子。有一个工厂使用了为惩罚而惩罚的政策,管理方面也非常教条。生产工人憎恨他们的监工,故意破坏公司财产的现象时有发生,盗窃财物已是司空见惯的事,工厂里人心涣散,忠诚干脆是不存在的事。其实,这个工厂如果能在对待生产工人的态度上采取人道主义的方式,工厂的利润毫不费力就可以翻一番,还可能更多。

这里还有个建议:让犯错误的人自己选择处罚方案。这个方法可以推广使用。先问这个犯错误的人在这种情况下他应该怎么办,你会惊异的发现,在大多数情况下,他都能认真地对待现实。在100次中会有99次,他们自己给自己的处罚都要比你将给他们的处罚更重。这样一来,当你宣布对他的处罚时,他会大喜过望,他会感恩戴德,会把你当成恩人。即使是对于那些对自己所犯错误的严重性估计不足的人,你也要把事情处理好,你可以告诉他你很抱歉,对他的处罚不是凭着你感情上的思考,而是要根据有关的规定办

事，必须给予那样的处罚。你要把处罚的理由讲清楚，要做到有理有据，即使对他的处罚比他自己想的更为重一些，只要你能把理由讲充分，把态度摆正，他通常都会以高姿态接受下来。这种情况毕竟很少发生，大多数人给自己估计的处罚会比你要给他的处罚重。

在会面的时候，你所要做的还有强调获得的利益。只靠发布命令要求人们去做什么事的话，远不如你用鼓励的方法去让他们做什么事收到的效果好，尤其是在想让一个人改变他的做法，或者纠正他的错误的时候，就体现得更为突出了。然后，对这个人的工作给予真诚的表扬，且用称赞的话语来结束同他的会晤。不能用让人听起来不愉快的话语结束你同别人的会晤，也不能说一些让人感到压抑的话，即使是批评时附带着安慰也不能称其为一次理想的会晤。

改正一个人的错误，应该给他留下一种得到了帮助的印象，而不是挨了批评的印象。所以，当你在改正一个人的错误的时候，应该本着与人为善、帮助他人的思想，而不应该本着批评或者刁难人的思想。正如一位杰出的管理学家所说："有两件事情让人头疼，一是爬楼梯，二是管理人。"如果你能在谈话结束的时候，用手轻轻地拍一下交谈对象的后背，你就会给人留下友好的印象，他也会感到温暖，而且会对这次谈话留下较好的印象。只有在下属的心中有一个好印象，下属才会打心底里接受你，顺利地改正错误。

## 展示领导宽阔的胸襟

作为领导，一个重要的再现就是要具备宽阔的胸襟，既要能容忍下属一时所犯下的过错，也要能容忍下属对自己的不尊敬行为。优秀的领导者所表达的是和善、亲切、不容易动怒的形象。包容力是一种魅力，它能够提升领导的个人形象。

## 第17章 影响力就是气场力,超强的声望凝聚超强的气场

企业里不仅有仅仅是稍微批评下属即受到众人反抗的上司,也有一开口便唠唠叨叨地叱责下属却仍深受下属爱戴的上司。身为上司,为了能使下属发挥所长,并且带动整个团体向上,其先决条件是必须成为受爱戴的人。这就要求上司要做到以下几点:

首先,对工作要耳熟能详。若下属对你有如此印象,希望接受你的指导,想要跟随你,那么你必然深受尊重。至于邀下属喝酒、送下属礼物的行为,是不必要的。

其次,保持和悦的表情。谁都想和一位经常面带微笑的上司交谈。在这种情况下,即使你并未要求什么,你的下属也会主动地提供情报。你的肢体语言,如姿势、态度所带来的影响亦不容忽视。如果你能永远保持正确的举止,在无形中它将引领你步向成功的大道。若你经常面带笑容,自然而然地,自身也会感到非常愉悦,身心舒畅。有许多运动选手,都表示过类似的看法:"我会在重要的比赛之前,想象自己得到优胜的情景。如此,力量立刻如泉涌上来般。"

再次,仔细倾听下属的意见。尤其是具有建设性的意见,更应予以重视并专心地倾听。若那是一个好主意并且可以付诸实施,则不论下属的建议多么微不足道,亦要具体地采用。这时,下属将因为自己的意见被采纳而相当喜悦,即使这位下属曾经因为其他事件而受到你的责备,他也会毫不在意地对你倍加关切,产生尊敬之心。如果上司对下属的工作提案相当重视,不论成败皆表示高度的关切,下属会感谢这位上司,并觉得一切的劳苦皆获得了回报。

最后,不强求完美。上司交代下属任务时要说:"采取你认为最适当的方法。"即使下属获得的成果并不很理想,上司也要用心地为其改正缺点。通常,上司会分配稍微超出下属能力的任务给他,因而,有能力的下属便会被分配给困难度较高的工作;能力稍显不足的下属便会分配给与其能力相当的工作。若任务未能达成,则不论下属的能力优劣与否,上司皆须公正地论断。但如果你认为由于分配给他的任务很困难,失败了也没办法,那就犯了

大错，因为如此一来，你原先信赖他而将较艰难的工作交给他的用意，便显得毫无意义。

上司必须具备对下属的包容心，不能忽略给予失败的下属适当的肯定。虽然下属的任务失败了，但切勿忽略了下属在工作时所付出的努力，并且给予适当的评价。这时，对于能力不好的下属予以支援是必不可少的。你若故步自封，裹足不前，整体可能将因为水准低而遭受淘汰的命运。因此，切不可只驻足于原位上。在这个竞争激烈的社会中，是不允许个人感伤的。

你忠于公司，专心于工作，在全力奋斗之际，若发现下属中有人无法跟上步调，你须立即有所决定。你要想尽办法要求他和大家以同样的速度前进。因为期待心切，你会斥责他、鼓励他，若他仍无法成长，只好将他调至其他岗位。这样用心良苦，对他而言未必没有好处。

你在通知下属这个决定时，必须简单明了。若你表现得依依不舍并说些多余的话，反而会伤害到他。如果下属能识大体，就毫无问题；若下属因此而受到很大的打击，并显得意志消沉，你也不可轻易地付出同情心。此时，你应以豁然的态度表明："新工作也许更适合你，拿出精神好好地闯出一片天地吧！"

你不能与下属纠缠不清，而必须全力往前冲刺。如果你听说下属由于职务调动而一直无法东山再起，则希望你拥有一颗仁慈的心，衷心地祝福他，相信你的诚心会让他感受到的。

## 增强自己的感召力

有魅力的领导有感召力，有感召力的领导往往有魅力，两者是相通的。

老板们应该懂得这样的道理，那就是企业竞争说到底是人才的竞争。如果一位老板的手下有一班精兵强将，他就具有了市场竞争的实力。在这个意义上，老板如何增强自身在员工中的凝聚力就成为关键。至少，老板在以下几个方面应高度重视：

第一，要注意倾听员工向你反映的目前的业务情况，不要在员工面前表现得高高在上。要让员工喜爱听你讲话，并让其知道你也喜爱他们向你报告情况。这时要反复告诉员工许多经营规则和制度。不能期望你自己一言不发，员工就自觉地、自然而然地去遵守。当然，叮嘱之余，你要表现出信任你的员工，相信他们办事的能力。

第二，老板应该主动听取他人的意见和看法，不能认为自己永远是对的。其实，员工总希望自己的聪明才智被老板赏识，他们有时讲出的话并不是信口开河，而是多日思索的结果。真理常常掌握在群众手里。

第三，老板应该协助员工。老板不能认为员工拿了薪资，就该为你工作，这是不恰当的，只要有必要，老板也应屈尊去帮助下属，目的只有一个，那就是顺利地实现工作目标。有些老板搞不清楚他的下属们是否都很称职。这种老板常常会认为，干得好干得不好是他们的问题，而不是自己的问题。而正确的态度应该是，老板发现谁没有把工作做好，就应该把这当做自己的工作，帮助下属作出成果。

第四，老板要清楚下属对他的期望是什么，甚至要了解这些员工的内心世界。这是老板的分内事。老板要常常告知下属自己对他们的期望究竟是什么，也要清楚下属对自己的期望是什么，这样，双方的目标一致，才没有误会。同时还要对下属有充分的信心，遇到再大的困难，首先自身不要泄气，其次要多给员工鼓劲，让他们充满信心地去干，共同创造奇迹。

第五，关注下属工作的进程。不要以为下属做好了，就是自己领导有方；下属做得不好，也不是自己的错。其实，下属做得好、做得不好，老板都应明明白白地告诉他们。他们作出了成绩需要予以认可，他们做错了，也要给一个改错的机会。不能太重"名"，认为许多工作成果是自己的功劳。老板应虚怀若谷，把业绩看做是群策群力的结果。

第六，要动脑筋想出一种对每个人都好的方法，而不要顽固地认为，自己确立的方法就是最好的方法。能适合每个人的方法才是最有效的方法，它能提高每个员工的工作效率。要广纳意见。

一个有感召力的老板、上司，无往而不利；而一个没有感召力的老板、上司，则寸步难行。一句话，领导要有人格魅力！失去人格魅力的领导，谁还会尊敬他、信服他、听他的号令？美国耶鲁大学卡尔·杰克在《领导驭人的魅力》一书中认为："良好的人格本身就是驭人的魅力。"可见，企业领导应当在下属面前塑造良好的自我形象，完善人格魅力，充分展示聪明才智和管理能力，赢得下属的尊重，切忌用不光彩的东西损害自我形象，受到下属的冷落。

## 表现你的领袖气质

不论是突出个性还是打造细节，都是在为一个大目标努力：从人群中杀出来，成为一个具备一定影响力的人。

在任何一个团体中，总会有一个人具有说服他人、引导他人的能力，他可能并不掌握实权，但是身上已经有了一种主导者的气度。比如，那些乱世枭雄从来都是人群里的核心。明朝的开国皇帝朱元璋，即便小时候玩过家家，他也是一群孩子里的"王"。清末富可敌国的红顶商人胡雪岩，出身并不高贵，是自己从底层奋斗出来的，但是他的合作者，统统唯他是从。

这种力量从何而来呢？

在一个团体中树立起自己的权威形象，不是一朝一夕的事。具体到言谈举止上，有两点至关重要，这就是信心和热忱。

你是否有过这样的困惑：为什么同样一个建议，从你的口中说出与从他的口中说出所产生的是截然不同的效果呢？在有些情况下，为什么有着比他

## 第17章 影响力就是气场力，超强的声望凝聚超强的气场

更出色才能的你，却无法像他那样得到众人的认可呢？

有一些人，在工作中面对问题时，明明有自己的见解，却思前想后，犹犹豫豫，等到其他同事提出时才懊悔不已。一次一次地错过，使自己失去了很多表现的机会。还有一些人，平时说话老是模棱两可，明明是一个正确的意见，却让他人产生模糊的感觉，这也会让他人对其权威性产生怀疑。

有一个企业的业务员，每当他与客户谈生意时，客户的反应都很冷淡，甚至当他介绍产品时，客户也显得心不在焉。对此，他很苦恼。一位朋友听了他的诉苦后，笑了笑，指出他的毛病就是过于谦逊，实际上是过于谦卑了。在客户眼中，他对自己没信心，更谈不上对产品有信心。他的举动像是在讨好客户，推销他的产品就如同求施舍一样。朋友告诉他："你要让别人重视你，你必须先重视自己。你要充满信心和热情，要让对方觉得你是个值得重视的人，你的产品对他非常重要，如果失去和你交易的机会，对他将是一种无法弥补的损失。"他认真考虑朋友的话后，努力改进，此后，工作也越做越好。

在实际生活中，小人物的低姿态已成了习惯，于是，他们的言谈举止中都带着谦卑的烙印。我们不是说谦逊不合时宜，但应该注意的是，在不了解你实力的人眼里，过分的谦逊，使你永远都像一个无足轻重的小人物。

如果你始终在看别人的脸色，只能使他的头越仰越高。

世上最擅长自我推销的是政治家，在公众面前演讲是他们表现自己的主要手段。在他们看来，世界上根本不存在分辨不清的事，甚至不可能有模棱两可的现象，他们总是言辞明确，充满自信。数以万计的听众被他们感染，成为他们强有力的支持者。

你有能力、有实力，但仅自己知道是没什么意义的，重要的是让公众认可，并给你一个发挥的平台。

2000年7月的《福布斯》杂志，它的封面故事里这样描写一个中国的企业家：深凹的颧骨，扭曲的头发，淘气的露齿笑，5英尺高、100磅重的顽童

模样。

然而，就是这样一个怪怪的人，在中国第一个对互联网的商业用途作出探索，并因此被国外媒体称为Mr.Internet（互联网先生）。他创办了世界上最大的电子交易网站，即使他在睡梦中，阿里巴巴公司每天也有100万元的收入。

他有一个普通的名字，他创造了一段不平凡的人生，他就是马云。

1995年，还是一个青年教师的马云，对自己的人生开始了深深的思考。他认为自己是那种敢于尝试、敢于冒险的人，而且自己善于言谈，沟通能力强，渴望做有挑战性的工作，不适合做工作平稳的教师，自我创业倒是更符合自己的性格。于是，他主动辞职了。

1999年3月10日，阿里巴巴公司在杭州马云家中诞生。经过几个月的筹备建设后，www.alibaba.com在互联网上出现了。一传十，十传百，阿里巴巴网站在商业圈中声名鹊起。但马云知道，阿里巴巴面临着一个巨大的战略选择——国内电子商务尚不成熟，只有利用发达国家已深入人心的电子商务观念，为外贸服务，才可以获得丰厚利润。于是，马云决定用自己极具说服力的口才去征服全世界。

1999年至2000年，马云像一只大鸟一样不停息地在空中飞行，他参加了全球各地尤其是经济发达国家的所有商业论坛，去发表疯狂的演讲，用他那超人的演说天赋去宣传他全球首创的电子商务思想，宣传阿里巴巴公司。他相信自己就是一台永不停息的发动机，是一台促销机器。

他1个月内可以去三趟欧洲，1周可以跑七个国家。他每到一地，总是不停地演讲，他在BBC（英国广播公司）做现场直播演讲，在全球著名高等学府麻省理工学院、沃顿商学院、哈佛大学演讲，在"世界经济论坛"演讲，在亚洲商业协会演讲。他挥舞着他那干柴一样的手指，对台下的听众高声讲道："电子商务模式最终将改变全球几千万商人的生意方式，从而改变全球几十亿人的生活！"他在哈佛与诺基亚总裁同台辩论，赢得台下上千人起立鼓掌。怪异的长相、雄辩而煽动性极强的口才和超越全球的商业思想，竟然综合交融在这个看似枯瘦弱小的中国人身上，听众无不为之惊讶。

说起领袖气质、自信心、感染力这些美好的词句，我们容易将它们与那些身材挺拔、风度翩翩的人物联系在一起。马云的出现，彻底颠覆了这个概念。因为相信自己做的是全球最具潜力的事业，马云是热情甚至狂妄的，这种热情感染了听众，大家一起热起来，把阿里巴巴公司的电子商务事业推到了顶峰。

马云的能力再强，想必也有创业的窘迫，也有技术上的难题，但他有本事把这些问题统统按下去，只把高屋建瓴的战略思想、不可限量的发展前景摆到桌面上来。这并非一种欺骗，事实上，成功者的注意力一向是集中在光明面上的，不把困难当成一回事儿的人，困难永远都是暂时的。而在实际操作的过程中，这种信心足以激励自己，调动相关人员的热情。

你最终成为一个怎样的人，是做出来的，不是说出来的。但是，如果你在说的时候就让人皱紧了眉头，不管你卖的是学识、技能还是某一种商品，别人都不会有兴趣。

## 修炼超强的勇气和耐力

对于一个领导来说，除了专业知识和工作态度，在精神和肉体的忍耐力方面也都要超越所有的下属，为他们树立榜样。

耐力是身体健康的一部分，不管发生了什么情况，你都必须具有坚持把工作做到底的能力。耐力是身体健康和精神饱满的一种象征。这也是你成为别人的领导并获得卓越的驾驭人的能力所必需的一种个人品质。

实际上，忍耐力是与勇气紧密相关的，它是当事态真正严重时，你所必备的一种坚持到底的能力，是跑上几千米后还具有百米冲刺的决心的能力。忍耐力也可以被认为是需要忍受疼痛、疲劳、艰苦乃至批评的体力上和精神上的持久力。

正如一个电影明星所说的："忍耐和勇气是一致的，是相辅相成的，缺乏忍耐力就近乎缺乏勇气。要从事演艺事业，你就必须有体力上的坚持力和精神上的坚持力以发展你的忍耐力。有时候，一个人由于体力不佳又缺乏忍耐力，就可能被误认为是一个胆小鬼和一个不争气的人。"说实在的，有时你可能不需要在体力上像某些人在工作中表现出的那样富有耐力，然而，你是表现出也好，不表现出也好，工作还是需要你付出大量的肾上腺素和血糖去坚持，不管你碰到什么障碍和困难，你都得把它坚持进行到底。

为了获得精神和肉体上的忍耐力，你必须遵循下面这些指导原则：

第一，不要沉湎于会影响你的身体和精神健康的活动。比如说吸烟和饮酒，即使不能肯定地说它们会影响你的健康，至少也可以说会影响你身体某些系统的正常运行。科学研究证明，吸烟和饮酒过量会降低身体的忍耐力和清晰思考的能力，也会影响大脑发挥正常作用的能力，最终会导致体力和脑力的剧烈恶化，而且会越来越严重。几乎没有哪个吸烟或喝酒过量的人会成为成功的管理人员。事实上，有不少已经获得了成功的管理人员由于嗜酒成癖，最后遭受其害，从很高的领导或负责人的位置上跌落下来。

我们认为，当你身体的忍耐力、你的健康乃至你的生活都失去常态的时候，你的大脑就不可能进行正常的思维和发挥正常的作用，不管这种失常是由吸烟或饮酒，还是其他一些原因造成的。你不妨尝试一下，看看在你觉得身体不适时，能否作出一个正确的决策。

第二，培养体育锻炼的习惯有助于增强你的体质。对于坐办公室的人员，进行有氧运动，似乎是最适合不过的了。不管是什么类型的体育锻炼，只要你能持之以恒，都会增强你的体质，而且运用超负荷的原则还可以增加你的忍耐力。超负荷的原则早已被实践证明，肌肉的发达与改善是根据你增加给肌肉的压力而定的，如果你期望不断地改善，随着能力的不断增加，给肌肉的这种压力也必须不断地增加。

第三，学会一种你自己一个人能玩，到了老年时也能享受其乐趣的运动项目。像篮球、网球、排球，虽然是很好的运动项目，但一个人没法玩，年纪大了也不便玩。可是，保龄球、钓鱼，却是既能与其他人共同分享，又能自己单独享受的运动项目。

你能单独从事的最好的一种运动项目是散步，尤其是当你年老的时候。许多有关保健方面的权威人士推荐说，用力地快步走比悠闲地慢步走对保持体形更有效，应每次至少行走20分钟，每周不少于三次。

第四，通过不断地强迫自己去做一些紧张的脑力劳动来考验你的精神忍耐力。当你疲劳至极，而且你的精力也已殆尽时，你还要强迫自己工作，这是唯一学会在极大压力下继续进行工作的方法。学会这个也得运用超负荷的原则，以你最佳的体力和智力状态完成各项工作，通常是对你的忍耐力的最好考验，也是保持勇气、保持耐力的一种方法。

始终保持勇气和耐力，这样，即使是那些年轻力壮的下属，也不敢对你小视，反而会从心底里佩服你宝刀不老。

# 第18章
## 左手气场右手销售,做世界上最伟大的推销员

销售员也需要气场,这种气场能让顾客心甘情愿地购买自己的产品。几乎每一个从事销售工作的人都有这样的体会:"如果我有足够强的气场,一定可以更加顺利地完成这件工作。"在销售这个行业,优秀的销售员都是非常强势的,他们可以引导客户思维,提出要求,敢于问问题,问一些有利于成交的问题,问一些具有"穿透力"的问题。他们的强势来源于他们双赢的思维,即他们不是去求客户的,而是去帮助客户。

第18章　左手气场右手销售，做世界上最伟大的推销员

## 销售员要知己知彼

在鸟类中，鹰的敏锐程度名列前茅。鹰翱翔在两三千米的高空，两眼虎视眈眈地扫视着地面，它能一下子从许多相对运动着的景物中观察猎物的动向。做销售的一定要具备鹰的眼力，敏锐地发现客户和竞争对手，准确地分析客户的需求，迅速找到与竞争对手的差距和自身优势。一旦确定了目标，就要马上采取行动，第一时间与客户沟通，牢牢地抓住客户，切莫对自己的行动和客户持有怀疑的态度。

做销售，最重要的不是战胜别人，而是战胜自己。要想战胜自己关键是了解自己，知道自己的优缺点，不断完善自己。认清自己要以他人为鉴，通过他人来洞察自己，反省自己，发现不足，改进工作方法，不断进步，超越自我。大多数销售员没有很好的业绩是因为不清楚自己的销售弊端，周而复始地重复着同样的错误。改进自己要先从了解销售模式入手。我们可以把销售员的销售行为模式分为七种类型。

### 1. 权威指导型

最近，小丁洽谈了一个客户，已经很有意向，马上要签约了。最后小丁需要再给客户做个演示。小丁到客户处做销售演示，为了给客户专业的感觉，他双手抱拳，挺胸抬头。但是，在最后总结时，他的意思表达成："客户们应该买我的产品，应该把钱付给我，不应该去买别的产品。"结果下面的客户都认为他比较傲慢，不够尊重听众。

演示结束后，客户普遍觉得小丁不够尊重听众，也不够踏实。因此取消了合作计划。

此类型的销售员，对自己过于自信，对客户过于傲慢。自认为客户没有自己懂得多，没有自己专业，甚至对客户提出的问题采取嘲笑的态度，以显

示自己的权威。若是有客户表示不愿意购买，这一类型的销售员也许还会教训客户不知道好歹。此类型的销售员的特征是他不会去探测客户的需求，他喜欢站在较高的位置，告诉客户怎么做才是正确的，有如老师指导学生一样。

权威指导型的销售员由于没有充分了解客户需求，因此很难深刻了解市场的需求和客户的偏好。又由于他们高高在上，不愿委曲求全，不能做到有效的沟通，更难以维持较长远、较深的客户关系，也无法通过客户介绍进行更多的交易。

**2.死缠烂打型**

有一位销售员销售投影设备。客户反复地拒绝他，可他还是死缠烂打、三天两头往客户办公室跑，而且，一坐就是大半天。某天，客户去拜访一位朋友，在朋友的办公室，赫然看见里面坐着一个熟悉的身影，那个销售员又跟来了。

客户感到厌烦，就算以后有需求想买同类产品，也不会从他这里购买。

坚持不懈是好习惯，但过了头就成了死缠烂打，令人厌恶。如果客户反复说明没有购买需求，销售员就应该主动离开。如果想保持联系，期待以后购买，销售员不妨过年过节送张贺卡，时常发封E-mail。

**3.呆傻充愣型**

有一个公司的销售员，30多岁的年纪。他第一次拜访客户，竟然衣服皱巴巴的，不知几天没洗了，老远就闻到汗臭味。特别让人难以忍受的是，他竟然想用手指缝满是黑泥的手和一个有洁癖的女客户握手。当场，女客户就面带不悦。

优秀的销售员要给客户留下良好的印象，呆、傻、愣都给客户不放心的感觉，客户怎么敢从他手里买东西。客户害怕他的售后服务不能到位，更担心他的产品有问题。作为销售员，穿得不一定要时髦，但一定要干净，要有礼貌，要手脚伶俐，不要让客户感觉不专业。

### 4.低价导向型

降低价格是销售员最常用也是最低级的一种竞争策略。此类型的销售员只能销售具有价格优势的产品,他们认为价格是销售成败的最主要因素,对任何销售失败的结果都会归咎于产品价格优势的缺乏。此类型的销售员,最大的问题是不自信。因为对大多数客户而言,只要能满足他们高品质的需求,他们就愿意支付高价钱。低价导向型的销售员不了解高收入的客户大多是对价格不敏感的,有能力而且愿意支付较高的价格,只要产品符合他们的需求。

低价导向型销售员的业绩好坏,往往不是决定于销售员自己的销售能力,而是公司能否推出有价格竞争优势的产品。因此,这一类型的销售员的命运不是掌握在自己手中,而是受制于别的因素。

### 5.人际关系型

此类型的销售员相信只要关系搞好,其他都是次要的。现在的关系营销也开始强调关系的重要性,但这里的关系不是靠吃喝形成的关系,而是通过给客户提供良好的产品和服务,并经常联系而形成的。在我们国家,由于是情理法的社会,感情总是摆在第一位,许多的交易,特别是金额庞大的交易,没有关系根本无法进行,关系的重要性是毋庸赘言的。但"关系"只是交易的起步,接下来要想真正成功还是要靠销售员其他方面的能力。

关系型的销售员过分注重与客户的关系,往往对客户的需求了解得不够彻底。凭着人际关系拿到订单后,若是客户在使用时因不能得到充分的满足引起抱怨,将会妨碍其与客户的长期关系。关系型的销售员,除了要注重人际关系,还应着力于了解客户的真正需求,提供给客户最适当的产品,才能和客户建立长期稳定的关系。

### 6.被动挨打型

此类型的销售员认为客户有需要自然会购买,因此,他不会主动去发掘客户的需求,不会主动告诉客户自己的产品和竞争品牌有何差异,完全以被

动的方式等待客户购买。这种类型的销售员,在销售卖场很容易看到。

当然一些已经知道自己的需求,确定自己购买什么的客户,看到想要的东西就会立刻购买。但是,绝大多数客户的需求不是很明确的。因此,过于被动的销售员往往错失许多机会。当机会来临的时候,只会被动等待,最后机会就会悄悄地溜走。

7.解决问题型

此类型的销售员让客户觉得是可信赖的,他能解决客户的问题并满足客户的需求。此类型的销售员让客户感觉到销售员是来帮助他的。满足顾客真正的需求,给顾客提出合理的建议,能令顾客从购买的产品上得到许多他想要得到的利益并很满意,这就是解决问题型的销售员给客户们的印象。

由于这样的销售员能解决客户的问题,客户愿意与他们交流,交流的产生促使客户了解更多的产品信息,这为下一步的成交打下了基础。

以上这七种类型的销售员,在面对不同的产品、不同的客户、不同的状况时,都有可能达成交易。但按一般经验来说,解决问题型的销售员最容易获得稳定的业绩,而在他们稳定的业绩中几乎有一半以上都是由以前客户再购买或由这些客户介绍其他客户购买带来的。所以,一个销售员的销售模式应该向解决问题型转变,当然,人际关系型的销售也是不错的。

不同类型的销售员,通常采用不同的策略。不管是哪种方式,哪种类型,首要前提是了解自身特点,进而根据自己的特点找到适合自己的销售方式,采用最合适的方法而不是最好的方法去战胜对手,赢得订单。

## 熟悉自己的产品

生活中常常会遇到这种现象,当购买某产品时,面对不同品牌和价格的同一种产品,往往会先询问销售员这些不同品牌之间的差异。若销售员能够清楚、自信地回答客户所提的问题，客户对产品有所了解之后，就会作出购买的决定。而大多数销售员对自己的产品并不完全熟悉，对客户提出的问题更是回答得含糊不清。在知情权得不到基本满足的情况下，相信没有一个客户会购买一个连销售员都说不清楚功能的产品。

张巧最近想换个手机，他想买一款诺基亚的。于是，他在周末的时候与他的朋友一起去买手机。当向销售员了解诺基亚手机的款式与功能时，销售员说："我还不太清楚。"跟他一起的朋友说："我们还是去看看索尼爱立信手机吧，性能还不错，我现在就用那牌子的。"最后，张巧买了一款索尼爱立信的手机。

有市场，就有竞争的存在。要在竞争中获胜，熟悉自己的产品，掌握产品的相关专业知识是进行成功销售的前提。丰富的产品知识能使销售员快速地对客户提出的疑问作出反应。这不但可以增加销售员的自信心，还可以赢得客户对销售员和产品的信赖。如果一个销售员对自己的产品不了解，还想当然地认为，客户会不加了解就购买产品，这几乎是不可能的。这样的销售员也是不合格的，更无法赢得客户对产品的信任。

可口可乐公司曾向客户作过调查，请他们列出优秀销售员应该具备的十个最重要的素质。排在第一位的就是具有完备的产品知识。那么"具有完备的产品知识"具体包括哪些方面呢？

**1.产品自身包含的要素**

产品的要素如下：物理特性（包括质地、规格、材料、颜色和包装）、性能、科技含量、销售价格体系和结算体系、产品的系列型号等。

**2.产品的价值取向**

产品的价值取向是指产品能给客户带来的价值。构成产品使用价值的因素有以下几个方面：

（1）产品名称。大多数客户获知产品的名称是通过销售员来表述的。虽然销售员不能选择产品的名称，但如何将产品的名称通过销售员之口来表现出它自身的优势和亲和力，是销售技巧所在。

（2）产品的形象。在众多的产品中，产品的形象、市场占有率处于有利的地位，这是促使客户购买的重要因素。

（3）功效比。产品在功效上（或其他方面）表现出的与众不同之处，这就是客户购买的直接原因。例如，手机配有摄像功能，可以拍摄高清晰画面。

（4）价格性能比。通过产品说明书的性能参数可以确定产品的性能。价格性能比是客户确定购买的依据。

（5）服务。提起服务，大多数人会认为是售后服务，其实服务是指整个销售过程中给客户带来的信心和方便，让客户在购买过程中得到一种享受，而不是单纯的交易行为。当然，售后服务也不能忽视。

总之，客户购买产品的根本行为是由产品的综合价值决定的，而不是因为一两个方面。不同客户的购买动机不同，真正决定客户购买的因素是产品带给客户的利益。只有产品的某一方面或多方面能够满足客户的需求，客户才会购买此种产品。

### 3.同类产品的竞争

我们可以对同类产品作个全面的比较性分析，比较的内容包括材料、规格、颜色、包装、功能、价格、结算方式、服务、品牌、市场占有率、客户满意度等。

为了进一步获取客户的信赖，销售员不能光凭借一张嘴，说产品如何如何好，而又不能拿出值得信赖的证明。在与客户沟通时，可以向客户出示有关产品的保证书，比如，这种产品已经申请了国家专利、获得了某某国家级荣誉。还可以向客户介绍产品的销售情况，将已经签下的订单和用户的签名复印放在档案夹，也可以收集客户的现身说法，用大量事实说话，这样比口若悬河的效果好得多。

客户希望销售员能够提供有关产品的全套知识与信息，那么，销售员是不是把所了解的知识一五一十地说给客户就OK了呢？这样的罗列产品的特点显然是错误的。销售员要学会抓住产品的特点，介绍时要突出重点，也就是通常所说的卖点。这个卖点必须是能够吸引客户注意的产品本身具有的优点。因为有些客户根本没有时间听销售员长篇大论地介绍产品，落入俗套的讲解不仅不能吸引客户，反而会使客户反感，使推销遭到客户的拒绝。只有充分抓住产品的卖点，才能够很快地勾起客户的兴趣。

有了市场竞争，才能使销售员工作得更有劲头，更能体现销售的价值。所以，做销售一定要先了解产品。这是做销售的第一步，也是重要的第一步。

销售员在分析产品的时候不要加入个人情感因素，要站在一个客观的角度，好就是好，不能盲目夸大产品的性能，这样反而会适得其反。客观分析产品，是展现自信的一个基础条件。

## 确定你要推销的对象

销售员了解了自己的销售方式，熟悉了产品之后，接下来便要寻找销售对象，了解客户是什么类型，他们迫切需要些什么，他们的支付能力如何。要像了解自己的产品一样了解客户，熟悉客户的需求。

了解客户应从了解客户的购买需求、支付能力和购买决策权三个方面进行。

### 1.客户的购买需求

分析客户需求，先要了解客户想得到什么？这需要了解他们的人生观、世界观和价值观。一个人的需求是随时代而改变的。在20世纪80年代，人们以多花一些钱买东西为荣，因为这表示购买者有这个经济实力。而在90年代，人们却以花较少的钱买东西而自豪，因为这表示购买者的谈判能力很强。

客户是否存在需求是销售能否成功的关键。客户的购买需求既多种多样，又千变万化，同时，客户需求又是极富弹性的。因此，要想准确把握销售对象的购买要求，并非轻而易举。如果销售对象根本就不需要所销售的产品或服务，那么，对其销售就肯定是做无用功。但在现实生活中确实存在有些销售员通过软硬兼施的手段，把产品卖给了无实际需要的客户的现象，但是这种带有欺骗性的硬性或软性销售方式，败坏了销售信誉，应予以坚决反对。通常，分析客户需求主要围绕是否需要、何时需要、需要多少三个问题而进行。

如果销售员确认某特定对象不具有购买需求，或者发现自己所销售的产品或服务无益于某一特定对象，不能适应其实际需要，不能帮其解决任何实际问题，就不应该向其进行销售。而一旦确信客户存在需要且存在购买的可能性，自己所销售的产品或服务有益于客户，有助于解决他的某种实际问题，则应该信心百倍地去销售，而不应有丝毫犹豫和等待，以免错失良机。

作为销售员，一定要明白现代销售工作就是要探求和创造需求。随着科学技术的飞速发展和新产品的大量问世，有许多是未被消费者认识的，即客户中也存在着大量未被认识的需求。所以，需求是可以创造的，此外，客户中还存在着出于某种原因暂时不准备购买的情况。对属于这两类情况的客户，销售员要大胆探求和创造客户需求，善于开拓，通过现象看实质，去发掘客户的潜在需求。

**2.客户的支付能力**

在市场经济条件下，只有具有支付能力的需求才构成现实的市场需求。因此，在对客户购买需求进行鉴定的同时，必须对其支付能力进行鉴定。

客户支付能力可分为现有支付能力和潜在支付能力两类。现有支付能力是指客户既具有购买需求又有现有支付能力，其是最理想的销售对象。另外，应加强对客户潜在支付能力的鉴定。一味强调现有支付能力，不利于销售局面的开拓，掌握客户的潜在支付能力，可以为销售提供更为广阔的市

场。当客户具有潜在支付能力并有很好的信誉时,销售员可以主动协助客户解决支付能力问题。要准确地鉴定客户的支付能力并不是一件容易的事,因为绝大多数客户不愿向别人透露自己的财力状况,因此,要做好客户支付能力鉴定,销售员需要通过对客户收入水平、家庭人口、生产规模、经营状况等情况的调查去推断其支付能力。

通常,销售员可以通过以下几种方法和途径来判断客户的购买能力:

(1)从领导入手。通常,客户都有上下层或领导与被领导的关系,企业客户有主管部门,而个人客户则隶属于某个企业或行业,销售员可以从上而下了解客户的购买能力。对于企业客户,销售员可以从政府部门了解客户的经营状况、财务盈亏、款项往来等情况,甚至可以从银行和司法部门了解相关情况;而对于个人客户,从客户所在企业或行业的状况也可以推断其购买能力,比如,IT人士,他的月收入可能会在5 000元左右。

(2)从"后方"了解。销售员要得到客户购买能力的准确数据就必须打入"敌人"内部,从内部摸清客户的购买能力和财务状况的变化,这样的信息比较真实可靠,具有很高的可信度。如果客户是一位已婚的男士,那么他的妻子很有可能就是判断其购买能力的好帮手。当听到他的妻子说"我们还不如买纯平彩电"或"我比较喜欢海尔冰箱"时,千万不能听听了事。从这样的话语中,有经验的销售员就可以很清楚地推断出客户有能力购买纯平彩电或海尔冰箱。

(3)从客户资料窥探。很多时候,对于陌生的客户很难在短时间内判断其购买能力,那么销售员就可以用收集客户资料的方法来帮助判断。销售员在对这样的客户进行购买能力分析的时候,就应该把所有的资料集中,从中提取有用的资料,从而从侧面了解客户的购买能力。一般,这样的间接资料可以从银行的信用公告、咨询机构等大众传播媒介中获取。

(4)多分析。观察分析是每个销售员都熟悉的方法,比如,客户的衣着、出行的交通工具、喜爱的运动等都是判断客户购买力的突破口。一般穿着时髦讲究、经常打高尔夫、有私家车的人购买能力比较强。但是，通过这种方法所得出的结论有时并不准确。实际中，销售员常常犯这样或那样主观性的错误。这就需要长期经验的积累，因此，切记不可以"貌"取客户，妄下结论。

当然，销售员应该多个方法同时使用，综合分析，这样就可以相对准确地判断出客户的购买能力，为下一步的销售打下坚实的基础。

### 3.客户的购买决策权

客户购买决策权的鉴定是客户资格鉴定的一项重要内容。若事先不对客户的购买决策状况进行了解，不分青红皂白，见到谁就向谁推销，很可能事倍功半，甚至一事无成。

现代家庭购买决策状况比较复杂，除一些大件商品或高档商品购买决策权比较集中外，一般商品购买决策权逐渐呈分散趋势，增加了对其进行鉴定的难度。

正确分析销售对象家庭里的各种微妙关系，认真进行购买决策权鉴定，仍是非常必要的。现代销售员必须具有善于识别购买决策人的本领。

组织客户是指企事业单位等各种团体组织。对于组织客户，购买决策权鉴定尤为重要。作为销售员，必须了解组织客户内部的人事关系、组织机构、决策系统和决策方式，掌握其内部各部门主管人员之间的相对权限，向具有决策权或对购买决策具有一定影响力的当事人进行销售。只有这样才能有效地进行销售。

了解了客户，便能与他们交流，关心他们、照顾他们的利益。在买卖做成以后，也要继续去了解他们、关心他们，只要产品质量好，他就会成为长期客户。

如果不了解客户，就不能把产品销售出去，产品再好也是枉然。所以，在销售产品之前，还要看清楚客户，更重要的是正确判断客户的看法、对产品的态度。只要判断正确，即使是不利的情形，也可以转变为有利的情形。

要让客户觉得销售员很善解人意，很关心他。销售员如果用这种方法，便能顺畅地解决问题，要用体谅的心去化解并消除客户的疑惑、犹豫甚至敌意。

## 销售员要有强者心态

真正的强者，其实是一种心态。强者心态并不是说以强者自居，对竞争对手或朋友居高临下，恃才傲物，而是一种面对困难时的坚强，是一种面对困境时的临危不乱，更是一种不达目的誓不罢休的坚韧。由于强者与弱者在社会中扮演的角色不同，相应地，强者与弱者的心理状态也完全不同。

1. 挑战与冒险

人类对狼有很多误解，然而，面对自身发展的困境，又不得不用另一种眼光重新审视狼。狼创造了一种互相合作、彼此忠诚、善于沟通的生存环境，它们富有挑战和冒险的精神。在狼的生存世界中，为了生存领地，狼会勇敢地发起进攻，即使这只动物比它强大得多，也毫不畏惧直至把对手咬死。具有强者心态的销售员也应该像狼一样，要有挑战与冒险的精神。

2. 乐观面对"拒绝"

面对拒绝，销售员应如何使谈判维持下去呢？会丧失勇气吗？会被击垮吗？或者它会激起更大的决心？销售员一定要乐观面对拒绝，客户并不是拒绝销售员，而只是拒绝销售员的销售方式。

被客户拒绝是不幸的，但不要让拒绝击垮了。要应付各种对抗行为并不是一件容易的事，但是，这是必需的，要说服客户是不容易的，但乐观的销售员能对各种反对意见进行不屈不挠的斗争。脆弱的销售员在遭受挫折后会选择退却，有勇气和毅力的人却只会再接再厉，不会让一两次拒绝就把自己击垮了。

苏格拉底说过:"如果万能之神的右手拿着已经取得的成功,左手拿着成功所需的不懈的奋斗要我选择的话,我将选择左手。"只有经过奋斗,勇敢地面对与克服障碍,销售员才能发现自己的能力和增强销售的实力。

### 3.不要一味地埋怨

具有强者心态的销售员不能依靠别人的带领去做事,而要勇敢面对自己的问题。通常一些弱者,总是不停地抱怨,怨天尤人,认为自己的不成功是因为其他的原因,或是别人影响了自己的成功,抱怨生存的时代不能给他成功的机会,甚至会报复社会,这不仅给自己造成了伤害,还给社会带来了不良的风气,这种人从来不从自身找原因。

优秀的销售员从来不向别人抱怨,因为没有需要抱怨的事情。他们只是勇敢地面对现实,通过自己的努力来实现销售目标,从不接受别人的怜悯。成功总是发生在无声无息中,一个坚持自己真理的人往往能取得更大的成功。

### 4.从自己身上找原因

一些销售员在面对失败的时候总是要为自己找一些借口,面对失败时的不同的选择,决定了销售员的成功与失败。一种是为了下一次的销售成功去总结失败的教训并找出成功的方法;另一种是为自己的失败找寻一大堆的借口,好像失败总是别人的过错,这种怨天尤人、推卸责任的态度是在逃避现实。

持弱者心态的销售员总是满怀信心地开始,一旦业绩不好,就怪公司不好,或是怪训练不好,或说是产品太贵不好卖,或是怪客户水平太低。他们绝不检讨自己到底犯了什么错,所以,同样的错误总是一犯再犯。持强者心态的销售员不为自己找台阶,而是找错在哪里,不再重复犯错。态度一改变,销售方式即改变,行为一旦改变,结果也自然改变,面对失败时,该怎么做,取决于销售员的一念之间。

### 5.善用鼓舞的力量

"我是世界上独一无二的",这种信心对销售员来说举足轻重。国际销售明星戴维博士说:"信心包括信赖、忠实和信任。当面对一位客户时,在情感上想要与他建立一种神秘的交情时,信心正是一种不可思议的力量。我们不能假装不惧怕而愚弄别人,如果真是如此,真正被愚弄的将是自己。"

### 6.抓住每一个机会

强者心态的销售员要的是机会。他们坚信,销售机遇总是落在有准备的人手中。他们需要学习打鱼,需要找那些有发展空间的销售领域;而弱者心态的销售员要的是稳定的工作环境和报酬,以及安逸的生活。但是,要知道自然界的法则是:弱肉强食,适者生存。

当销售员走在城市的街头,所见之处都是匆忙的人流,是否会感到心灵一阵空虚,对生活没有了信心。而拥有坚韧意志、达观胸怀的人能使不满的心得到宽慰,重新振奋精神,勇敢去面对失意和失败。这是成功销售员所独有的品质,他们能从一时的压抑中酝酿出一生的执著,从一时的失意中迸发出一生的激情。

## 销售员要掌握的礼仪

得体的礼节可以塑造良好的形象,给人愉悦的心情,所以,销售员一定要学好礼仪这堂课,不仅要懂得着装,还应懂得人际交往的礼节。

得体的着装不仅可以使销售员显得更加精神,还可以体现出一个现代文明人良好的修养和独到的品位。不管是男销售员还是女销售员,都要有效地推销自己,进而成功地销售产品。所以,掌握一定的着装技能是非常有必要的。

### 1.女销售员的穿衣经

(1)保持衣服平整。皱巴巴的衣服会给人邋遢的感觉,而平整的衣服会使人显得精神焕发，所以，应保持衣服熨烫平整。购买服装时，要多选择一些不易皱的衣料。这样才能给客户留下良好的"第一印象"。

（2）袜子以透明近似肤色为好。夏天，可以选择浅色或近似肤色的袜子；冬天，服装颜色偏深，袜子的颜色也可适当加深。另外，要提醒女销售员的是，不管是夏天，还是冬天，在皮包内一定要放一双备用丝袜，以便当丝袜被弄脏或破损时可以及时更换，避免出现尴尬场面。

（3）饰品不宜过多。巧妙地佩戴饰品能够起到画龙点睛的作用，给女销售员增添无穷的魅力。但是佩戴的饰品过多，则会分散客户的注意力。佩戴饰品时，应尽量选择同一色系。佩戴首饰最关键的就是要与整体服饰搭配协调，让饰品点缀服饰。

作为女销售员，穿衣大有学问，绝对不能出现以下一些低级错误：

（1）太暴露。夏季，有的女销售员会穿着"清凉"的服饰，这些服饰的确为炎热的夏日增添了一道亮丽的风景。但一定要明白，这样的服装并非适合所有的场合。在正式场合如果穿着过露、过紧、过短或过透的衣服，如短裤、背心、超短裙、紧身裤等，就容易分散客户的注意力，同时也显得不够专业，还可能产生误会。

（2）"内衣"外穿。穿着居家便服很舒适，但是在公共场合这样穿着就显得非常失礼了。在家里或宾馆的房间里接待来宾和客人时，绝对不要只穿睡衣、内衣、短裤或者浴袍。作为女销售员一定要注意，不要为了舒适而丢掉客户。

**2.男销售员的穿衣经**

与女销售员不同的是，男销售员与客户见面时可以穿有领T恤和西裤，使自己显得随和而亲切，如果是去客户的办公室，则一般要求穿西装，打领带，因为这样会显得庄重而正式。穿西装会令人显得神采奕奕、气质高雅、内涵丰富。男销售员穿西服时，一定要注意搭配。

（1）西装单色为主且要简洁。选择西装，在款式上应该简洁，注重服装

# 第18章 左手气场右手销售，做世界上最伟大的推销员

的质量、剪裁和手工。在色彩选择上，以单色为宜，建议至少要有一套深蓝色的西装。因为，深蓝色显示高雅、理性和稳重。另外，灰色比较中庸、平和，显得庄重、得体而气度不凡；咖啡色是一种自然而朴素的色彩，显得亲切而别具一格；深藏青色比较大方、稳重，也是较为常见的一种色调，比较适合黄皮肤的中国人。

（2）领带要起到画龙点睛的作用。领带除了颜色必须与自己的西装和衬衫协调之外，还要求干净、平整、不起皱。领带长度要合适，打好的领带尖应恰好触及皮带扣，领带的宽度应该与西装翻领的宽度和谐。

（3）衬衫要与西装协调且符合自己的特点。领型、款式都要与外套和领带协调，色彩上注意和个人特点相符合。纯白色和天蓝色衬衫一般是必备的，注意领口和袖口要干净。

（4）袜子宁长勿短，要与西装协调。以坐下后不露出小腿为宜。袜子颜色要和西装协调，深色袜子比较稳妥，因为浅色袜子只能配浅色西装，不宜配深色西装。

（5）鞋子要干净与光亮。鞋的款式也直接影响到男士的整体形象。在颜色方面，建议选择黑色或深棕色的皮鞋，因为这两种颜色的皮鞋是不变的经典，浅色皮鞋只可配浅色西装，如果配深色西装会给人头重脚轻的感觉。无论穿什么鞋，都要注意保持鞋子的光亮及干净，光洁的皮鞋会给人以专业、整齐的感觉。

西装是男销售员重要的服饰，作为男销售员一定要避免出现以下错误：

（1）错把西装当棉被。西装如果选择衣料不当、不注意熨烫、口袋鼓鼓囊囊，袖口留着标签，就会给人不体面的印象。许多男销售员以为穿线条松垮、有大垫肩的西装，才能撑得起男子汉的架势。其实，这是错误的。一套西装要穿得体面，最为重要的就是合身。

（2）错把西装当口袋。西装讲究线条平顺，穿西装时口袋里的东西尽量精简，最好只装一个钱包。切忌在西裤上别手机、钥匙等，这不仅会破坏西

装的整体感觉，还容易让西装变形。

（3）错把袜子乱搭配。在西装的搭配中，袜子也是体现男销售员品位的细节之处，袜子的质地应为棉质。标准西装袜的颜色是黑、褐、灰、蓝，以单色或简单的提花为主。要注意使西裤、皮鞋和袜子三者的颜色相同或接近。切记，袜口不可以暴露在外。

不管是男销售员，还是女销售员，总的来说一定要把握着装的TSOP原则：T——time（时间），S——season（季节），O——occasion（场合），P——place（地点）。

时间原则（time）：着装要随时间而变化。如果在白天与刚结识不久的客户会面，建议着装要正式，以表现出专业性；而晚上、周末和工休时间与客户在非正式的场合会面，则可以穿得休闲一些。因为在工作之余，客户为了放松自己，在穿着上也较为随意，这时如果穿得太正式，就会给客户留下刻板的印象。

季节原则（season）：着装要随季节而变化。一年有四季之分，每个季节都应该有适合该季节气候特点的服装，着装时要选择与气候相适应的服装。如果夏天穿质地厚重的衣服，客户会感觉保守及不合时宜；冬天穿得太薄，客户会看着不舒服。所以，销售员选择自己的服装时要随着季节的变化而变化。

场合原则（occasion）：着装要随场合而变化。在正式场合，销售员的衣着应庄重、考究。男销售员可穿质地较好的西装，打领带，女销售员可以穿正式的职业套装或晚礼服。在非正式的场合，着装应轻便、舒适。不过，如果穿便装去出席正式晚宴，不但是对宴会主人的不尊重，同时也会令自己觉得尴尬。

地点原则（place）：着装要随地点而变化。如果销售员是在自己家里接待客户，可以穿着舒适的休闲服，但一定要干净整洁；如果是去客户家里拜访，则既可以穿职业装，也可以穿干净整洁的休闲服；如果是去公司或单位拜访客户，穿职业装会显得非常专业；而如果是到酒店拜访，并在酒店的中餐厅厨房里示范产品功效，则穿轻便的服装为好。

销售员着装的基本要求是干净整洁，既要能符合时尚美感，又要能恰当地体现个性，应在着装上扬长避短，展现自己的最佳外形。在款式方面，建议销售员挑选款式简单的服装，因为这样的服装比较容易搭配，也会显得落落大方。对于过于新潮、夸张而又不适合自己的款式，还是避免为妙。除了着装外，销售员还希望自己有"花一般的容貌"，于是就有很多销售员用化妆技巧来修饰容貌，以装扮出最好的自我。男、女销售员因为性别的不同，在化妆技巧上也有所不同。

**1.女销售员重在"雅"**

女销售员在仪容上要体现出"雅"来。古语说："形诸于外而神于内。""雅"是一种由内至外散发出的高雅气质。具体说来，女销售员可以在修饰仪容时，参照以下几方面：

（1）妆容衬托气质。女销售员需特别注意，化妆应该和自己的气质相近，这样才能更好地表现出自己的"神"和内在的"雅"来。

（2）亮丽而不俗气。销售日用化妆品的女销售员不妨把自己装扮得亮丽一些，显得青春时尚，令自己显得神采飞扬，以此来感染客户。但要把握一个度，过度就会显得俗气。

（3）时尚兼个性。时尚也是一种美丽，这是大多数人对美所达成的一种共识。女销售员要有敏锐的时尚触觉，并从中捕捉适合自己个性的因素，而不要轻易被潮流所左右，因为潮流不一定适合每个人。因此，女销售员的妆容应该展现出既时尚又和谐自然的美感，这才是"雅"的体现。

另外，女销售员化妆要把握以下原则：

（1）时间原则。白天是工作的时间，宜化淡妆，这样会显得清雅大方；夜晚因为光线的原因，可适当加重妆容。

（2）场合原则。在与顾客面谈时，宜化淡妆，这样既庄重又不至于分散

客户的注意力；参加正式的社交活动，可以化晚宴妆以配合灯光的效果，同时可以打扮得隆重一些来配合妆容。

（3）地点原则。在自己家里，如果要会客的话，还是应该适当化妆以显示对客人的尊重。

**2.男销售员重在"洁"**

男销售员在日常工作与生活中不必化妆，但需要保持整洁的仪容。在现代社会，男性美容已经呈现出大众化的趋势。由于生理原因和活动量大，男性皮肤比较粗、毛孔大，表皮容易角质化，同时，汗液和油脂分泌量也较多，会使灰尘和污垢积聚，堵塞毛孔，引起细菌感染，皮肤发炎。因此，男销售员更应该注意"面子问题"。如果注意以下几方面，就能让男销售员信心倍增，并以最佳的仪态面对客户：

（1）整体整洁舒适。整体整洁舒适指的是胡须、头发等对外观有影响的因素。男性留胡须或长发要根据自己的性格及外形条件而定。无论是否留胡须，都应保持干净，力求将整洁大方的仪容展现给客户，而不要总让人有"沧桑感"；如果留长发，请注意保持干净整洁。

（2）干净、大方。由于男性皮脂分泌较多，汗腺也较发达，容易产生异味，故更应该讲究卫生，应勤洗脸、洗发、洗澡、剪指甲、换衣服，随时保持身体干净卫生，对吸烟族来说，要避免烟味太浓。

（3）学会自我保健。男销售员平常也应使用基本的护肤品，特别是在容易引起皮肤干燥的秋冬季节。只有皮肤光洁、嘴唇滋润，在销售护肤品时才能给客户信心。因此，男销售员要学会自我保健。

无论是男销售员还是女销售员，培养气质、加强自身修养都是形象好的重要部分。高雅的气质源于内在的涵养。此外，销售员还要注意言谈举止得体大方。这样内外结合，相得益彰，才会显得气质高雅、魅力无穷。

# 第19章
## 气场强了生意旺了,财富赚多少气场说了算

有生命就有气场,它是我们身上无形的精神符号。而气场的培养对生意人的胆略、智慧都有一定的作用,它会影响到其生意的兴衰和事业的成败。生意人的气场要表现气魄、圆通、机敏、风度,同时,还要有人性,不能把钱看得太重。这就要求生意人必须在人格魅力上加以修炼,以使自己生意兴隆。

第19章 气场强了生意旺了，财富赚多少气场说了算

## 经商必须先做人

商人分三种：只贪图利益的，充其量一辈子做一个小商人；能够看清市场的，只能做一个中等商人；而能把做人的原则放在首位的，才能成为一代大商人。做人之道与经商之道其实并不矛盾，它们是紧密相连的。天下最聪明的生意经是"做人重于经商"，也就是说，要经商必须先做人。那些眼睛只看到钱，甚至企图靠坑蒙拐骗做生意的人，只可能赚一把是一把，永远不可能把生意做大。而那些心明眼亮，懂得把做人的利害关系放在第一位，能够以诚待人的人，则会树立起自己的人格品牌，把人格转化为无形的资产，最后成就一番大的事业。

人最重要的素质就是"信"。一个生意的开始意味着一个良好信誉的开始，有了信誉，自然就会有财路，这是必须具备的商业道德。就像做人一样，忠诚、有义气，对自己说出的每一句话、作出的每一个承诺，一定要牢牢记在心里，并且一定要做到。在这一点上，华人巨商李嘉诚不仅把"信"字体现在生意场上，也把它体现在生活的方方面面。有一件小事最能说明他的不失信于人。

在20世纪50年代，李嘉诚初做塑料花的时候，香港皇后大道有间公爵行，他常去那里接洽生意，并且经常看到一个四五十岁很斯文的外省妇女在那里乞讨。虽是个乞丐，但她从不伸手要钱。李嘉诚每次都会拿钱给她。有一次，天很冷，李嘉诚看见人们都快步走过并不理睬她，便和她交谈，问她会不会卖报纸，她说，她有同乡也干这行，于是，李嘉诚便让她带同乡一起来见他，想帮她做份小生意。

时间约在2天后的同一地点，而有一个客户偏偏提出那天要到李嘉诚的工厂参观，客户至上，李嘉诚也没有办法。那天在交谈时，他突然说了声"Excuse me"，便匆匆跑开。客人以为李嘉诚上洗手间，其实，他是跑出工

厂，飞车去约定的地点。途中，超速和危险驾驶的事都做了，好在没有失约，见到那妇人和卖报纸的同乡，问了一些问题后，就把钱交给她，她问李嘉诚姓名，李嘉诚没说，只要她答应自己一件事，就是要勤奋工作，不要再让他看见她在香港任何一处乞讨。事毕后，李嘉诚又飞车回到工厂，客户正在着急，问道："为什么在洗手间找不到你？"李嘉诚笑一笑，这事就过去了。

对人要守信用，对朋友要讲义气，今日而言，也许很多人未必相信信用和义气对事业有重要影响，但综观那些事业上有成就的大商人，对他们来说，"义"字，实在是终身受用。

李嘉诚对事业的"信"与他对人的"诚"是分不开的，诚信相合，即为"义"。

青年时的李嘉诚为了独立创业，拥有一方属于自己的商业天地，他满怀愧疚之情离开了对他有知遇之恩的塑胶公司。老板是个善人，非但没有怪他，还设宴为他践行，这更让李嘉诚感动。20多年后，由于1973年世界经济危机的冲击，香港塑胶业出现了史无前例的原料大危机。已经是潮联塑胶业商会主席的李嘉诚，挂帅救业，同时，他把自己公司的库存原料拨给以前自己打工的那家塑料公司，把自己的恩公的公司从倒闭的边缘挽救回来。年过花甲的塑胶公司老板噙着热泪说："我没有看错阿诚的为人。"

也许有人认为，传统道德与商业文化大相径庭，水火不容。但成为商界巨子的李嘉诚，却能将这两者很好地融为一体。在香港这个物欲横流的商业社会中，他体现出了一个中国商人应有的传统美德，确实难能可贵。

## 生意人人格魅力的修炼法则

生意是人做出来的。一个处处受欢迎的人，他的业绩自然要比别的同行高得多。如果你想超过别人，在生意场上更加优秀，那么增强自己的人格魅力是当务之急。一般来说,想要成功就必须具备八种人格魅力。

**1.热情**

热情是性格的情绪特征之一。你要富有热情,在业务活动中待人接物更要始终保持热烈的感情。热情会使人感到亲切、自然,从而缩短双方的感情距离,同你一起创造出良好的交流思想、情感的环境。但也不能过分热情,过分热情会使人觉得虚情假意,而对你有所戒备,无形中就筑起了一道心理防线。

**2.开朗**

开朗是外向型性格的特征之一,表现为坦率、爽直。具有这种性格的人,能主动积极地与他人交往,并能在交往中汲取营养,增长见识,培养友谊。

**3.温和**

温和是性格特征之一,表现为不严厉、不粗暴。具有这种性格的人,愿意与别人商量,能接受别人的意见,使别人感到亲切,容易和别人建立亲近的关系。但是,温和不能过分,过分则令人乏味,不利于交际。

**4.坚毅**

坚毅是性格的意志特征之一。业务活动的任务是复杂的,实现业务活动目标总是与克服困难相伴随,所以,你必须具备坚毅的性格。只有意志坚定,有毅力,才能找到克服困难的办法,实现自己的预期目标。

**5.耐性**

耐性表现为能忍耐、不急躁的性格。你作为自己的组织和客户、雇主与公众的中介人,不免会遇到公众的投诉,被投诉者当做"出气筒"。因此,没有耐性,就会使自己的组织和客户、雇主与投诉的公众之间的矛盾进一步激化,工作也就无法开展。在被投诉的公众当做"出气筒"的时候,最好是迫使自己立即站到投诉者的立场上去。只有这样,才能忍受逼迫心头的挑战,然后客观地评价事态,顺利解决矛盾。在日常工作中,也要有耐性。既要做一个耐心的倾听者,对别人的讲话表示兴趣和关切,又要做一个耐心的

说服者，使别人愉快地接受你的想法而没有丝毫被强迫的感觉。

### 6.宽容

在社交中，你要允许不同观点的存在。如果别人无意间侵害了你的利益，也要原谅他。你谅解了别人的过失，允许别人在各个方面与你不同，别人就会感到你是个有气度的人，从而愿意与你交往。

### 7.大方

大方就是举止自然，不拘束。有时候，你需要代表组织与社会各界联络沟通，参加各类社交活动，所以，一定要讲究姿态和风度，做到举止大方，稳重而端庄。不要缩手缩脚，扭扭捏捏；不要毛手毛脚，慌里慌张；也不要漫不经心或咄咄逼人。坐、立姿势要端正，行走步伐要稳健，谈话语气要平和，声调和手势要适度。只有如此，才能让人感到你所代表的企业的可靠和成熟。

### 8.幽默感

幽默感是一种有趣而意味深长的素养。你应当努力使自己的言行特别是言谈风趣、幽默。能够让人们觉得因为有了你而兴奋、活泼，并能让人们从你身上得到启发和鼓励。

## 生意人事业成功的五种品质

综观那些事业有成的人，有些固然是可恃才傲物之辈，但更多的还是朋友遍天下、行走可借力的人。还是那句老话，人要有智商、情商和财商，当情商高到一定程度，自然可以挖掘人脉潜力、聚拢无穷人气，从而作出非凡的业绩。

能把生意做大的人，他们都深谙"小商做事，中商做市，大商做人"的道理。在这些人身上一般都有着共同的品质。

**1.慷慨大气结交朋友**

美国石油大亨洛克菲勒在其全盛时期曾感慨地说:"与人相处的能力,如果能像糖和咖啡一样可以买得到的话,我会为这种能力多付一些钱。"

而西方更有名言说,20岁靠体力赚钱,30岁靠脑力赚钱,40岁以后则靠交情赚钱。

两者讲的都是一个意思,朋友多则赚钱的机会多。而朋友关系如何培养呢?完整的人际关系包含三个阶段:发掘人脉、经营交情、发现贵人。

有人也许说:经常吃饭喝酒的那是酒肉朋友,不见得真心。但发展人脉的出发点就是先"跑量",再从中精选可重点发展的对象,走好第一步,慷慨对人,让人感受你的大气是必需的。

**2.放低姿态增添人望**

美国哈佛大学人际学教授约翰·杜威曾说:"人类本质中最殷切的需求是渴望被肯定。"

即使你是一个很慷慨的人,天天请朋友吃饭,但总抱着骄傲自大的心态,别人无论说句什么都要反驳,估计你的朋友数量也不会很多。当然,我们不是提倡言不由衷胡乱敷衍朋友,而是要学会"放低姿态,放软身段",学会仔细倾听别人的话,更学习"忖度他人之心",理解朋友这样说的原因和立场,尽量体谅他们,这样既能学习他们的优点,也能让朋友感到自己被尊重和理解。

总之,要拓宽人脉,不仅需要物质上的努力,更重要的是注重以心换心。

**3.不因人微生鄙视**

也许你没有富爸爸,没有可减少奋斗20年的终身伴侣,但如果懂得人情学,一样可以得贵人相助、获得多方助力。

但是千万不要怀着过于势利的短浅眼光经营人脉,别人现在富贵,出金入银,就一副小人嘴脸伺候着,别人现在是个潦倒的小人物就忽视、轻视乃至鄙视。

晚清的红顶商人胡雪岩，其高超的交际手腕总让后人叹服，胡雪岩的过人之处是"对事情看得透，眼光够远，从不会忽视小人物"。

中国台北"身心灵成长协会"的创办人赖淑惠开房产中介时有着结交小人物的经典案例。当时赖淑惠住在一个大厦里，同时兼营这个楼的房产中介，经她一番细心观察后，发现凡是对大厦有兴趣的买家，第一个总是先询问大门管理员，"最近有没有住户要卖房子啊？价钱多少呢？"

有趣的是，每次管理员的回答几乎都是："你去问住在八楼的赖小姐，她很喜欢买卖房子，这样就不必再去找其他中介商了。"此外，该楼谁要钱急用要卖房子的消息也总是第一个传到她的耳朵里。因此，赖淑惠在首都大厦一个物业上整整赚进1 000多万元。

为什么管理员愿意帮赖淑惠的忙？说穿了是她将任何人都当成家人般关心，赖淑惠每天出入大门，必会向当日值班的管理员打招呼，出差返回也会顺道带些当地名产略表心意。

**4.困苦不离见真情**

有这样一个人，在他生病住院的半天内有200多位朋友来探望。后来，他告诉别人，当时的重病让他呼吸停顿了数分钟，几乎送命，醒来看到身边的朋友很多泪流满面，顿时感觉朋友都这么真心，自己活得很有意义。

西方行为学专家提出的理论里，指出人的一生大概可交往两百多位朋友，最核心的可以有50位。一般人看似朋友不少，但称得上有交情的却乏善可陈，而在应酬场合活跃的人士，看起来人脉丰沛，但最后愿意为他两肋插刀、雪中送炭的都不是那些看起来热络却只是点头之交的人，而是你可能忽略却真正重视和你的交情的朋友。

那怎样才能让朋友在你生病的时候流泪呢？最简单的办法是在他们平时健康平安的时候和他们交好，在他们落难困苦的时候更热心地帮助他们。危机时刻建立的人脉不仅有用，而且能换得很好的口碑，在以后交别的朋友时也用得上。

### 5.坚持原则得信任

讲求人脉,不是要你奉行没有原则的"小人之交",而是要选择有原则的"君子之交"。

胡刚一向将客户奉为人脉里的核心,但是不会因此改变自己的原则。一个曾经的客户想将一批产品捐赠给视力残障人士做公益,结果活动进行到快一半时,胡刚发现捐赠的产品其实是离保质期限很近的东西,于是要求他们调换新货,几经抗争仍遭到拒绝后,他毅然选择单方面终止活动,不仅从此少了个客户,还损失了已经垫付的钱。

但是这样做的结果是,其他客户和朋友知道了这件事情后,意识到结交这样一个有原则的朋友很让人放心,因为他不是会为了利益出卖原则损害他人的人。于是,他虽然少了一个朋友,却赢得了更高的人气与人望。

## 做最有人缘的生意人

崔西·莫非是世界一流的潜能大师,一流的效率提升大师,一流的销售教练。他的书被翻译成多种文字,他的训练帮助了千千万万的人提升业绩。

他是如何做到这些的呢?

### 1.在客户身上投资更多的时间

花更多的时间与顾客待在一起,为顾客着想,与顾客建立商业上的友谊。

崔西·莫非在和客户相处的时候,他绝对不会急着赶时间。他要向人表明,他愿意花足够的时间去帮助顾客作出正确的购买决定,他绝对不会对顾客没耐心。

### 2.真诚地关怀客户

你越关怀你的客户,他们就越有兴趣和你做生意。关怀的感情因素是那么的强烈，往往使得价格、品质、交货效率、公司在市场上的规模，都敌不过它的威力。一旦客户认定你是真正关心他和他的处境，不管销售的细节或竞争者怎样，他都会向你购买。

### 3.尊敬每一个他所遇到的人

有所为有所不为，都是为了博得你所重视的人对你的尊敬。一个人的骄傲、尊严、自我肯定，大部分来自于受别人尊敬的程度。你越在意别人的意见，别人对你的尊敬程度就越会影响你的行为。

每当我们感受到别人的尊重，我们就会对那个人特别重视。假如有人尊敬我们，我们就会认为那个人比较优秀，比较有判断力，比较有内涵，而且个性也比较好。

### 4.绝不批评、抱怨或指责顾客

绝对不要站在你的立场上批评任何人或任何事，不要恶言相向或批评你的竞争对手。每当你听到别人提起竞争对手的名字时，只要微笑地说："那是一个很不错的公司。"然后就继续做你的产品介绍。

### 5.毫无条件地接受

希望能够被他人毫无条件地接受，是所有人最重要的需求之一。你只需要微笑，并且表现得温和友善，就可以表达你接受他人的态度。一般人都喜欢和那些能够接受他们本性的人在一起，而不想受到任何评判和批评。你越能够接受别人，他们就越愿意接纳你。

### 6.赞同

每当你称赞并同意他人所做的事，他就会感到快乐、会变得更有精神。他的心跳会加快，会觉得自己很棒。当你在每个场合都竭力找机会对他人表示赞扬及同意的时候，你就会成为到处受人欢迎的人物。

### 7.感谢每一个帮助过你的人

不论你感谢何人所做的何事，都会让彼此的自我肯定上升。你会让他觉得自己有价值也很重要。

你一定要养成随时感谢他人的习惯,尤其要向那些会让你期望的好事接连不断发生的人表达感谢之意。

### 8.羡慕

每当你羡慕一个人的成就、特质时,就会增强他的自我肯定,让他更得意。只要你的羡慕、赞同、感谢都是发自内心,别人就会因此而受到正面的肯定的影响。他们对你产生好感的程度,相当于你让他们对自己及生活产生的满意度。

### 9.绝不与顾客争辩

你只要别跟客户争辩就好。不管客户说什么,你只要点头、微笑,并且欣然同意。顾客喜欢和与自己所见略同的人打交道,他们不喜欢和爱抬杠的人相处。当客户明显犯错时,他会讨厌你把他的问题揪出来。应把眼光放在建立关系上面,以建立关系后会产生的利益来考量。

### 10.集中注意力,倾听顾客在说什么

当客户在说话时,你把注意力集中在他的身上,就是对他最大的尊重。你要让他觉得自己很有价值,而且很重要。

如果你想成为大商人,你的目标就是成为一个人际关系高手,成为一个人际关系专家,你的任务就是去成为一个在行业中最好、最有人缘的人。

## 赢得顾客的心能赚大钱

人都是有感情的,如果你能用自己的关怀来赢得顾客的心,让对方把你当做自己的朋友,做起生意来自然财源广进。

在泰国,有一家华人经营的东方饭店几乎天天客满,不提前1个月预订是很难有入住机会的,而且客人大多来自西方发达国家。泰国在亚洲算不上发达,但为什么会有如此诱人的饭店呢?大家会认为泰国是一个旅游国家,而

且又有世界上独有的人妖表演，是不是他们在这方面下了工夫。错了，他们靠的是真功夫，是非同寻常的客户服务，是依靠赢得顾客的心来赚大钱。

约克先生是一位美国公民，他因公务经常出差泰国，并下榻在东方饭店。第一次入住时，良好的饭店环境和服务就给他留下了深刻的印象，当他第二次入住时，几个细节更使他对饭店的好感迅速升级。

那天早上，当他走出房门准备去餐厅的时候，楼层服务生恭敬地问道："约克先生是要用早餐吗？"约克先生很奇怪，反问"你怎么知道我的名字？"服务生说："我们饭店规定，晚上要背熟所有客人的姓名。"这令约克先生大吃一惊，因为他频繁往返于世界各地，入住过无数高级酒店，但这种情况还是第一次碰到。

约克先生高兴地乘电梯下到餐厅所在的楼层，刚刚走出电梯门，餐厅的服务生就说："约克先生，里面请。"约克先生更加疑惑，因为服务生并没有看到他的房卡，就问："你也知道我的名字？"服务生答："上面的电话刚刚下来，说您已经下楼了。"如此高的效率让约克先生再次大吃一惊。

约克先生刚走进餐厅，服务小姐就微笑着问："约克先生还要老位子吗？"约克先生的惊讶再次升级，心想"尽管我不是第一次在这里吃饭，但最近的一次离现在也有一年多了，难道这里的服务小姐记忆力那么好？"看到约克先生惊讶的目光，服务小姐主动解释说："我刚刚查过电脑记录，您在去年的6月8日在靠近第二个窗口的位子上用过早餐。"约克先生听后兴奋地说："老位子，老位子！"小姐接着问："老菜单？一个三明治，一杯咖啡，一个鸡蛋？"现在约克先生已经不再惊讶了，"老菜单，就要老菜单！"约克先生已经兴奋到了极点。

上餐时餐厅赠送了约克先生一碟小菜，由于这种小菜约克先生是第一次看到，就问："这是什么？"服务生后退两步说："这是我们特有的小菜。"服务生为什么要先后退两步呢，他是怕自己说话时口水不小心落在客人的食品上，这种细致的服务不要说在一般的酒店，就是在美国最好的饭店

里约克先生都没有见过。这次早餐给约克先生留下了终生难忘的印象。

后来,由于业务调整,约克先生有3年的时间没有再到泰国,在约克先生生日的时候突然收到了一封东方饭店发来的生日贺卡,里面还附了一封短信,内容是:"亲爱的约克先生,您已经有3年没有来过我们这里了,我们全体人员都非常想念您,希望能再次见到您。今天是您的生日,祝您生日快乐。"约克先生当时激动得热泪盈眶,发誓如果再去泰国,绝对不会到任何其他的饭店,一定要住在东方饭店,而且要说服所有的朋友也像他一样选择。约克先生看了一下信封,上面贴着一枚6块钱的邮票。6块钱就这样买到了一颗心。

当你用富有人情味的服务与客户交流的时候,对方会从心里对你产生认同感。在这种情况下,生意上的事自然就十分顺利了。

## 做圈子里的活跃人物

在日常的人际交往中,人们希望出现令人愉悦的场面,而能够制造欢乐气氛的人则更受欢迎。以下方法可帮助你成为圈子里的活跃人物。

**1.夸张的赞美**

老朋友、新同事见面后,不免介绍寒暄一番,这是个极好的活跃气氛的机会。借此发表一番"外交辞令",把每个人的才能、成就、天赋、地位和特长等做一种夸张式的炫耀与渲染,这可使朋友们感到自己深深地为你所了解、所倾慕。尤其是利用这种方式把朋友推荐给第三者,谁也不会去计较其真实性,但你却张扬了朋友们最喜欢被张扬的内容。这种把人抬得极高,却没有虚伪、奉承之感的介绍,会立即使整个气氛变得异常活跃。

**2.引发共鸣感**

朋友、同事相聚,最忌一个人"演讲",大家当听众。成功的社交应是众人畅所欲言，各自都表现出最佳的才能，作出最精彩的表演。为达到这一目的，就必须寻找能引起大家最广泛共鸣的内容。有共同的感受，彼此间才会各抒己见，仁者见仁，智者见智，气氛才会热烈。所以，你若是社交活动的主持人，一定要把活动的内容同参加者的好恶、最关心的话题、最擅长的拿手好戏等因素联系起来，以免出现冷场。

### 3.有魅力的恶作剧

善意地有分寸地取笑朋友并不是坏事，双方自由自在地嬉戏，超脱习惯、道德，远离规则的限制，享受不受束缚的"自由"和解除规则的"轻松"，是极为惬意的乐事。恶作剧具有出人意料的效果，它起于幽默，带来欢笑。人们在捧腹大笑之际，会深深地感谢那个聪明的快乐制造者。

### 4.寓庄于谐

商务社交中需要庄重，但自始至终保持庄重气氛就会显得紧张。寓庄于谐的交谈方式比较自由，在许多场合都可以使用。用风趣、诙谐的语言，同样可以表达较重要的内容。

当年毛泽东主席在接见国民党谈判代表刘斐先生时说："你是湖南人吧！老乡见老乡，两眼泪汪汪。"这番话顿使刘斐先生的紧张情绪减去了大半，打消了拘束感，紧张的会谈气氛也因此缓和了下来。

### 5.提出荒谬的问题并巧妙应答

在生活中，总是一本正经的人会给人古板、单调、乏味的感觉。交谈中，不时穿插一些朋友们意想不到的、貌似荒谬而实则极有意义的问题，是一种很好的活跃气氛的方法。也许有人会问你一些荒谬的问题，如果你直斥对方荒谬，或不屑一顾，不仅会破坏交谈气氛、人际关系，而且会被人认为缺乏幽默感。

学会提出引人发笑的荒谬问题并巧妙应答，有助于良好社交气氛的形成。

### 6.带些小道具

朋友相聚，也许在初次见面时打不开局面而陷入窘境，也许在中间出现冷场。这时,你随身携带的小道具便可发挥作用。一个精致的钥匙链可能引发一大堆话题;一把扇子,既可题诗又可作画,也可唤起大家特殊的兴趣。小道具的妙用不可小瞧。

**7.制造一些无伤大雅的小漏洞**

漏洞是悬念,是"包袱",制造它,会使人格外关注你的所作所为,集中精力,全神贯注。待你抖开"包袱"之后,人们见是一场虚惊,都会付之一笑。

**8.适当贬抑自己**

自我贬低、自我解嘲,这种战术是最高明的。往往老练而自信的人才采取这种方式。贬抑会收到欲扬先抑、欲擒先纵的效果。众人将在哄笑声中重新把你抬得很高。自我贬抑既可活跃气氛,又能博得他人好感。

**9.故意暴露一下"缺点"**

你可以偶尔故作滑稽,或搞出一副大大咧咧、衣冠不整的样子;或莽撞调皮,佯装醉汉,摆出一副满不在乎的神情。这些"缺点",平素在你身上不常见,人们突然观察到这种变化,会有一种特殊的新鲜感,你收得拢、放得开的举止会令人捧腹大笑,使大家对你刮目相看。

**10.不妨伤害一下对方**

经验证明,彼此毕恭毕敬未必的夫妻就没有矛盾,而平日吵吵闹闹的夫妻可能会更亲热。朋友间也是如此,若心无芥蒂、毫无隔阂,开句玩笑,贬低对方一番,互相攻击几句,打几拳、给两脚,并不是坏事,反倒显得亲密无间。在社交中,心无戒备、偏见,不带恶意的攻击与伤害,会使朋友、同事更加无拘无束。诙谐、戏谑中的"君子风度",最能活跃气氛。

当然,若要商务社交的气氛理想,除在形式上做文章外,最主要的还是内容的新颖、别致。内容本身充满活力,活动才会活泼、欢快。

**11.让对方做交际的主角**

人与人交往时,只有尊重对方,交际活动才能顺利进行,如果总是压制对方，强迫对方服从自己，对方不久就会对你产生敌对情绪，从而失去对你的信赖。因此，在交际中要努力让对方感到交际的主角是他。

试着留意对方的反应，尽力使对方心情舒畅。在人际交往中，要让对方扮演主角就得准备多个"剧本"，因为不知交往会在何处受挫，所以就必须把能预测到的对方谈话内容写进"剧本"，然后自己根据"剧本"演好配角。要做到使对方成为主角，调查搜集与此相关的信息就显得非常重要。

调查搜集的内容有：对方有什么爱好？对方喜欢什么、憎恶什么？对方讲话有什么特点？对方有什么个人习惯？对方的弱点有哪些？要基于这样的信息拟写一份能使对方成为主角并能打动对方的"剧本"。

如果能够做到这一步，对方就会感到与你交往心情舒畅，从而对你产生好感。

在交际过程中，如果遇到你原先准备采用"中等水平"的交际方式交往的某个人，但你发觉这种方式实在无法进行下去，这时就需要修改"剧本"，重新预演一下。不过，在事先应该假设出交际过程中有可能出现的各种各样的问题，并针对这些问题设想一下自己应作出怎样的调整。

另外，还必须考虑到，对方也有针对你的"剧本"，如果对方提出你预料之外的问题，那么失败的可能是你自己，所以必须反复斟酌，不断完善，这样才能使对方成为主角。